남극생물학자의 연구노트 05

슬기로운 남극 물고기

The Story of Antarctic Fish

남극생물학자의 연구노트 시리즈는 극지과학의 대중화를 위하여 극지연구소에서 기획하였습니다. 극지연구소Korea Polar Research Institute, KOPRI는 우리나라 유일의 극지 연구 전문기관으로, 남극의 '세종과학기지'와 '장보고과학기지', 북극의 '다산과학기지', 쇄빙연구선 '아라온'을 운영하면서 극지 기후와 해양, 지질 환경 그리고 야생동물들과 생태계를 연구하고 있습니다. 또한 극지 관련 국제기구에서 우리나라를 대표하여 활동하고 있습니다.

남극생물학자의 연구노트 05

슬기로운 남극 물고기

The Story of Antarctic Fish

김진형 지음

GEOBOOK 지오북

머리말

1985년 우리나라의 과학자들이 남극에 처음 발을 디뎠다. 세상의 끝에서 해양, 기후, 지질, 생물 등 다양한 분야의 연구를 수행해 온 지 올해로 36년이 흘렀다. 그리고 남극생물에 대한 연구도 활발하게 진행되었다. 또한 '남극' 하면 누구나 떠올리는 '펭귄'과 '크릴'은 남극의 주인이자 혹독한 자연환경을 견디며 살아온 남극생물의 대명사가 되었다. 그런데, 두 인기 만점의 해양생물과 가장 오랜 시간을 함께 살아온 남극 바다의 또 다른 터줏대감 '남극 물고기'에 관해서는 아는 이가 거의 없다.

남극 물고기는 왜 펭귄이나 크릴처럼 인기를 얻지 못한 것일까? 펭귄처럼 극도의 귀여운 외모나, 크릴처럼 건강식품의 대표가 될 영양분을 타고나지 못한 까닭이 아닐까? 그러고 보니 우리나라에서는 남극 물고기에 관해 그 모양새나 생태와 행동은 물론이거니와 심지어 먹거리로서의 가치인 맛과 영양소 분석도 알려진 바가 거의 없다. 겨우 메로라고 불리는 이빨고기 종류가 남극바다에서 잡힌 생선이라고 잘못 알려져 있을 뿐이다.

나는 어류의 생리를 연구하는 어류 연구자이다. 물속에 사는 어류가 삶의 터전인 물속 공간에서 어떻게 호흡하고, 먹이를 먹는지 연구하고 있다. 또 얼마나 성장하고 잘 산란하는지를 알기 위해 일한다. 이해할 수 없는 물고기의 언어를 대신하여 그들 몸의 반응과 신호를 다양한 분석 방법을 통해 알아내는 노력도 하고 있다. 그러던 중 2016년 남극과 북극, 극지에 사는 물고기의 생리를 연구를 위해 극지연구소에 합류하였다. 지난 5년 동안 남극 물고기와 함께 하며 친해질 수 있었다.

수백 만년을 그 차가운 물 속에서 호흡하고, 먹이를 찾고, 자라고, 또 새끼를 낳고 살아온 그들의 생명의 언어를 온전히 이해하기에는 5년이라는 시간은 너무나 짧다. 다만, 연구를 계속하여 이 신비하고, 매력적인 남극 물고기들에 대한 비밀을 더 많이 알아내고자 한다. 그리고 그동안 남극 물고기를 위해 바친 시간 만큼 알게 된 남극 물고기에 대한 이야기를 이 책에 담아내고자 한다. 운이 좋으면 남극 물고기가 펭귄과 크릴 못지않은 인기를 얻는 데 일조하기를 바라는 마음으로.

차 례

제3부 남극 물고기, 그 특별함에 대하여

제4부 남극 물고기, 만남과 동행의 이야기

제5부 남극 물고기, 그 베일을 벗다

남극 해양생물 먹이망

남극 해양생물 먹이망은 남극 해양생태계를 유지하는 데 필수적이며, 그 먹이망의 중심에 남극 물고기가 있다. 남극 물고기가 하위 생산자인 식물플랑크톤을 먹는 크릴 등과 펭귄을 비롯한 상위 포식자를 연결하는 중요한 구실을 한다는 것을 의미한다.

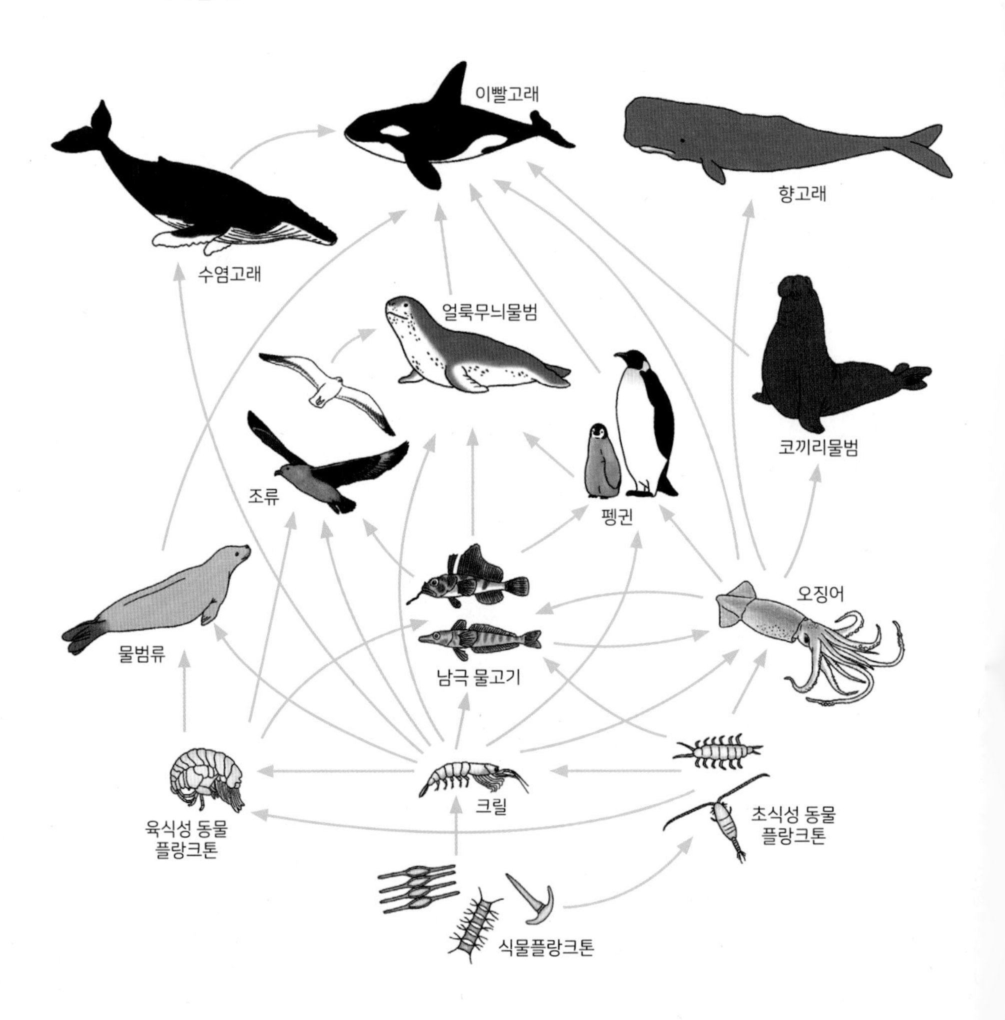

남극 물고기의 종류와 분류

남극 물고기는 문헌마다 조금씩 차이는 있지만, 5개의 과(Family), 약 123종(Species)이 알려져 있다. 분류체계에 있어 단일의 목(Order)으로 구성된 점이 특징이다. 즉 모든 남극 물고기가 남극암치아목(Notothenioidei)에 속한다. 남극 바다는 2천 5백만 년이라는 오랜 시간동안 서서히 빙점 아래의 차가운 수온으로 내려가게 되었고, 그 환경에 적응한 남극암치아목이 유일하게 살아남은 것이다.

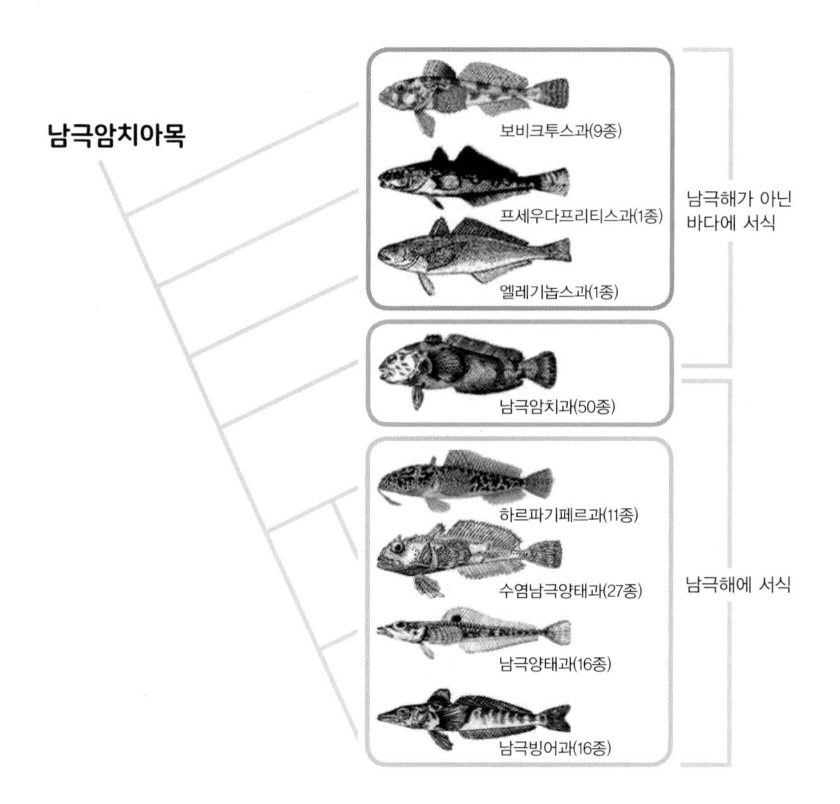

수심에 따른 남극 물고기의 분포

남극 로스해의 연안과 중간 수심, 그리고 비교적 심해에 분포하는 남극암치과 물고기 종류들이다. 점으로 표시한 지점은 이 물고기들이 살아가는 주요 서식 수심이다. 대부분의 물고기는 더 깊은 곳까지 폭넓게 드나들며 살아간다.

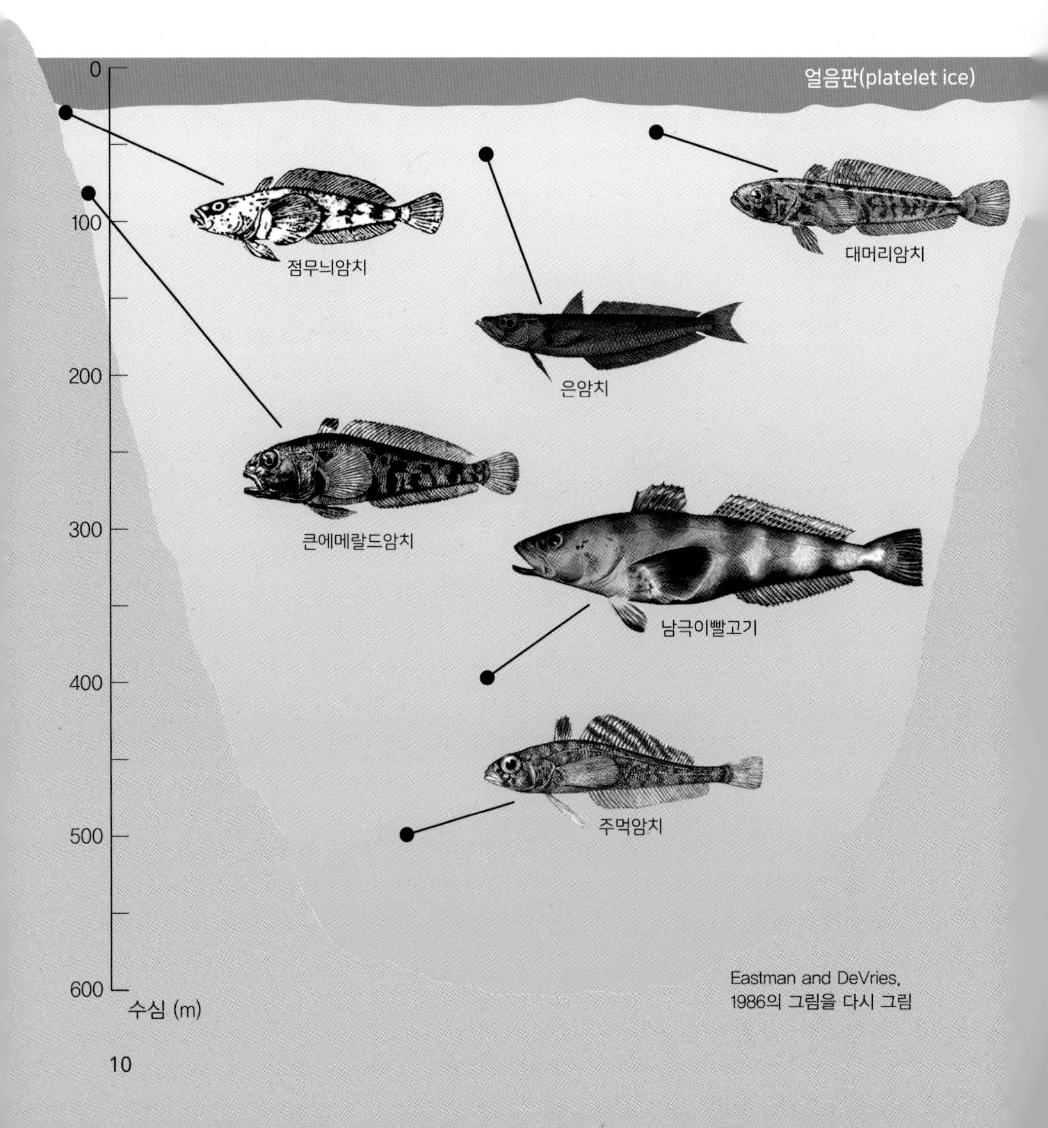

남극 물고기가 영하의 남극해에서 살아남는 비결

남극해는 남극순환해류에 둘러싸여 있어 따뜻한 해류와 외래종의 유입에 장벽이 되고 있다. 반면 남극해에 적응한 남극 물고기들은 -2~2℃의 차가운 물에 적응하고 진화해서 살아가고 있다. 어떻게 살아남을까? 남극해의 대표적인 남극빙어가 영하의 온도를 견디고 살아남은 비결을 알아본다.

제1부

남극 물고기,
그 쿨한 생명 이야기

남극 로스해 해저의 남극 물고기들

크릴도 있고, 펭귄도 있는데 물고기는 없다고?!

6년 전 극지연구소에 처음 입사했을 때 연구주제를 찾기 위해 연구소 내의 이글루 도서관을 자주 찾았다. 도서관의 한쪽 벽에는 극지 분야 전문 도서가 한쪽 벽면을 가득 채우고 있다. 문학, 사회과학, 자연과학 등 분야별로 나누어져 있는 일반 도서와는 별도로는 생물, 지질, 물리, 해양, 기후 등 자연과학의 카테고리별로 관리되어 있었는데, 한눈에 봐도 그 규모가 상당하다.

특히 극지연구소의 뿌리인 한국해양연구소(현 한국해양과학기술원) 시절부터 수행했던 연구보고서가 정리된 서고도 따로 잘 마련되어 있다. 그때 눈에 들어온 한 권의 보고서가 있었다. 「남극해 유용생물자원 개발 연구(부제: 남극 반도해역 유용생물의 분포 및 자원량 추정 연구)」라는 보고서이다. 참여 연구원은 지금도 각계에서 해양수산 발전 및 극지 연구를 이끌고 계신 선배 과학자분들이다. 1998년에 작성된 이 보고서에는 남극 바다의 어디에 어떤 생물들이 얼마나 살고 있는지, 그 생물의 가치는 어느 정도인지 밝혀내는 연구 내용이 담겨 있었다. 좋은 참고자료를 찾았다는 기쁜 마음에 곧바로 대출 절차를 마치고, 서둘러 연구실로 돌아왔다.

꽤 두툼한 분량의 보고서에는 남극의 바다에서 살아가는 생물들에 대한 기초정보가 가득 담겨 유익했지만 아쉬움도 컸다. 보고서 한 페이지를 차지하고 있던 그림 때문이었다. 남극 해양생물을 식물플랑크톤부터

● 극지연구소 도서관, 이글루

인간에 이르기까지의 관계를 먹이의 개념에서 표현한 그림으로, 간략하게 표현한 남극 해양생물 먹이망이었다. 그림에는 아래쪽에서부터 먹이망의 기본인 식물플랑크톤을 시작으로 크릴을 대표로 한 동물플랑크톤이 다음 단계에 있었고, 그 다음에 있어야 할 물고기는 없이 바로 포유류인 고래와 범고래로 단계가 넘어가 버린 것이다. 마땅히 들어가야 할 물고기가 빠지다니. 마음 한편으로 '펭귄도 없으니 물고기 없는 게 뭘'하고 스스로 위로를 해보려 했다. 펭귄은 어린이들의 대통령이라고 하는 뽀통령, 뽀로로부터 요즈음 명성을 얻고 있는 펭수에 이르기까지 다양한 캐릭터로 많은 사랑을 얻고 있지만 남극 물고기는 존재감이 바닥이라는 생각이 들어 아쉽기만 했다.

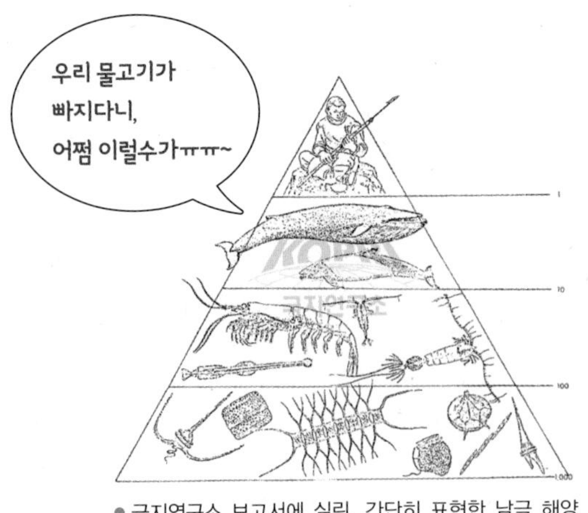

● 극지연구소 보고서에 실린, 간단히 표현한 남극 해양 생물 먹이망 모식도

이 경험은 그 날 이후 물고기를 연구하는 과학자들이나 가까운 동료들에게 가볍게 소개하면서 유머 코드로 기억되고 있을 무렵 또다시 언짢은 일이 생겼다. 2019년 12월 즈음, 매년 제작하는 대내외 홍보용인 2020년 탁상 달력을 받아서 봉투를 열었다. 그 해는 특별히 달력에 활용할 수 있는 스티커도 함께 들어있었다. 홍보팀의 센스가 돋보인다고 생각한 찰나, 아니나 다를까 역시나, 달력용 스티커 이미지 어디에도 물고기는 없었다. 솔직히 보고서 때보다 조금 더 놀랐다. 보고서가 작성될 때는 연구소에서 물고기를 전공한 분도 없었고, 연구 주제도 크릴에 좀 더 무게를 두었기에 그럴 수 있었을 것이다. 그런데 이 때는 내가 남극 물고기 연구를 위해 연구소에 온 지 4년이 될 즈음이었다.

달력용 스티커의 그림은 연구를 떠나 비전공자가 극지생물 중에 가장 먼저 떠오르는 이미지를 선택했을 터인데 해양생물 중에 물고기는 없다니 실망스러웠다. '앞으로 홍보 요청 있으면 최대한 늦게 응해 주리라'하며 속에서 꼰대의 마음이 모락모락 피어오를 무렵, 다시 보니 동물 스티커 중에 크릴도 없었다. 그렇다. 크릴도 없는데 남극을 상징할 만한 생물 순위에서 물고기가 밀릴 수밖에 없지 않은가? 이해하면서도 남극 물고기의 특별함을 사람들이 너무도 모르고 있다는 생각이 들었다. 그래서 연구에만 신경 쓸 게 아니라 남극 물고기가 왜 더 특별한지 사람들에게 많이 알려야겠다는 생각이 들었다.

물고기를 연구하는 과학자로서 해양생태계에서 물고기의 역할에 대해서는 할 말이 많다. 남극 해양생태계를 유지하는 데 생물들 간의 먹이에 관한 관계망은 매우 중요하다. 그리고 그 먹이망의 중심에 물고기가 있다(8쪽 참조). 남극 물고기가 플랑크톤 같은 하위 생산자와 펭귄, 물범 같은 상위 포식자를 연결하는 중요한 역할을 한다는 것을 의미한다. 다행인지 모르겠지만, 이제는 인터넷 검색창에 '남극 해양생물 먹이망'이라고 치면, 당당하게 남극 물고기가 크릴과 그 중심을 두고 경쟁하는 이미지를 손쉽게 찾을 수 있다. 왠지 중심에 있으니 더 중요해 보이는 것 같다.

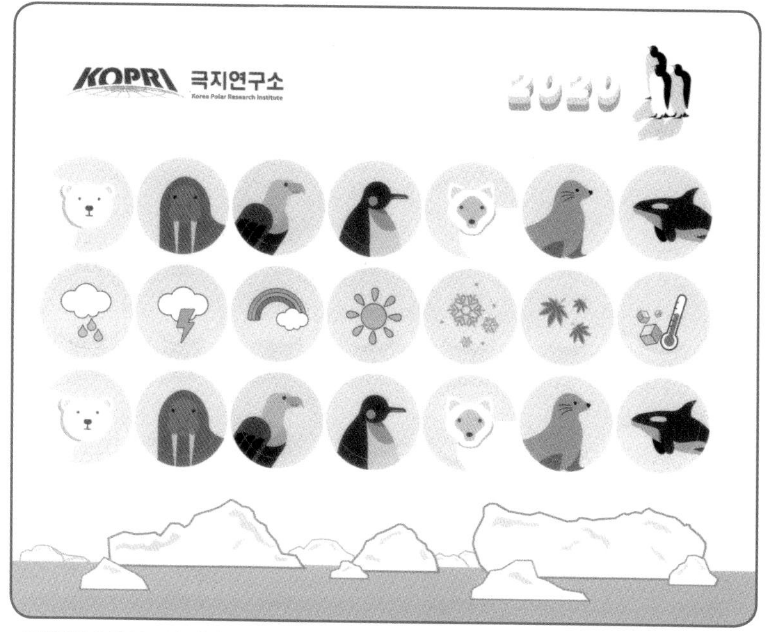

● 극지연구소의 2020년 달력의 부록으로 나온 스티커 그림

남극 바다에 적응한 남극 물고기의 특징

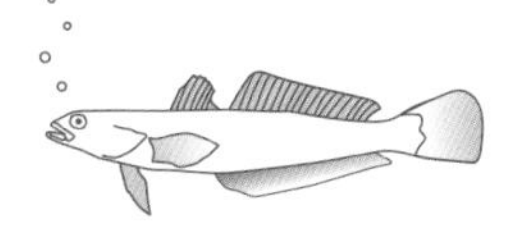

남극의 바다에는 어떤 종류의 물고기들이 살고 있을까? 일단 남극 물고기라고 하면 남극 바다에 사는 다양한 종류의 유영동물들, 즉 헤엄을 치며 물속에 사는 물고기들을 일컫는다. 전 세계에 분포하는 모든 물고기 정보를 온라인으로 통합해서 제공하는 웹사이트인 피쉬베이스(FishBase)에 의하면 현재 전 세계에는 34,700종의 물고기가 존재하는 것으로 보고되고 있다. 이 사이트에서 남극 카테고리에서 지역별 물고기의 종류를 찾으면 200종의 물고기가 검색된다. 그러나 그중에는 남극해는 물론 남아메리카와 남태평양, 그리고 북반구에서도 널리 분포하는 종이 포함되어 있기에 엄밀히 말해서 모두가 다 남극 물고기라고 할 수는 없다.

전 세계 바다의 경계와 수로를 관장하는 국제수로기구(IHO)에 의하면 남극해는 남위 60도 이남으로 남극 대륙을 둘러싸고 있는 바다를 말하는데, 엄밀하게 남극 물고기는 일생동안 남극해에서만 사는 물고기를 말하는 것이 타당할 것이다. 그러나, 일생동안 남극의 바다에서만 사는 물고기를 구별하는 것은 말처럼 쉬운 일은 아니다. 지금까지 알려진 물고기의 분포와 서식처는 오랜 세월에 걸쳐 많은 연구자들과 상업적인 어획 활동에 의해 보고되고 기록된 결과이기 때문이다. 따라서 남극 물고기의 종류를 헤아리기 위해서는 남극의 차가운 바다에 적응하며 진화해 온 남극해 특이적으로만 존재하는 분류군의 차원에서 접근하는 것

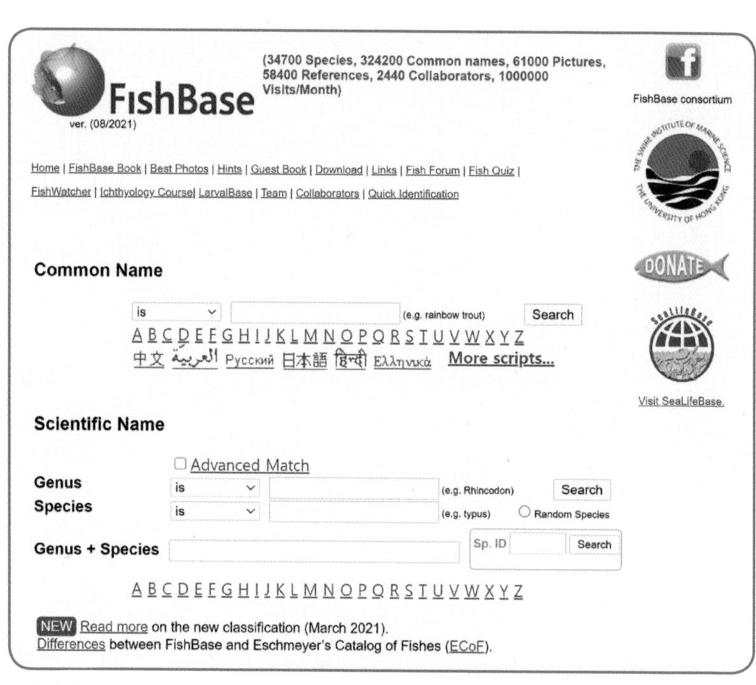

● 전 세계 물고기 정보를 통합해서 제공하는 웹사이트 FishBase

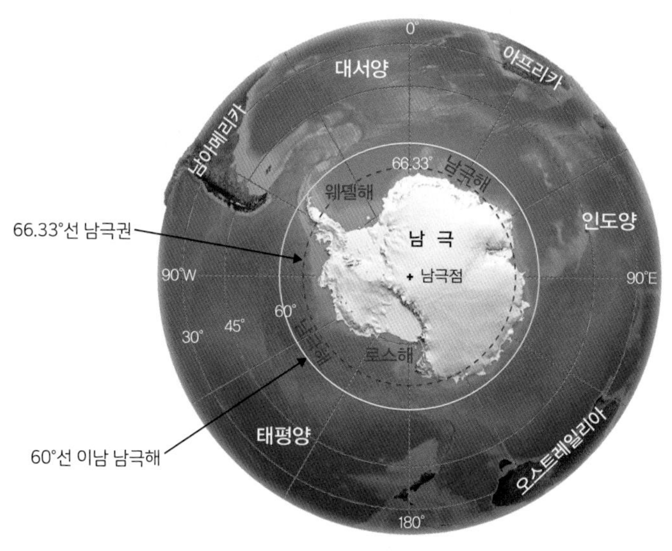

● 남극해의 위치 및 경계

이 바람직하다. 그 분류군이 바로 남극암치아목(Nototheniidae)이다(Eastman & Lannoo, 1998).

이 남극암치아목 물고기는 몇 가지 공통적인 특징이 있다. 일반적으로 둥근 가슴지느러미와 둥근 배지느러미를 가지고 있어 물속과 해저에서 이동성을 극대화하는 데 도움이 된다. 입은 몸집에 비해 약간 기형적으로 크다. 가시가 있는 등지느러미는 몸체의 절반 아래에 위치하며 부드러운 등지느러미에서 분리된다. 부드러운 등지느러미는 몸 아래로 뻗어서 꼬리지느러미 직전에서 끝난다. 뒷지느러미는 등지느러미를 몸 아래쪽으로 향하게 한다. 꼬리지느러미의 모양은 과에 따라 다르지만, 일반적으로 둥글거나 갈라져 있다. 수염남극양태과 물고기들만이 아래턱에 돌기가 있고, 아가미뚜껑에 모래를 질질 끌고 가는 갈고리 모양의 기관을 가지고 있다. 색상은 옅은 회색부터 짙은 회색까지 있으며 큰 얼룩이 있다. 어떤 종은 황갈색이나 녹색 또는 심지어 빨간색이다(Eastman & Lannoo, 1998; Pauly et al., 2016; Froese et al., 2016; Rainer et al., 2016; Bailly et al., 2016).

남극 물고기 대부분은 육식성이고, 해저나 바위틈에서 서식한다. 그러나 몇몇 종은 부레가 없음에도 불구하고 유영을 하며 생활한다. 그러기 위해서 골격에 존재하는 미네랄의 양을 줄이고 체내 지질을 증가시키며 진화했다(Fernández et al., 2012). 이 덕분에 남극 물고기는 중립 부력을 유지할 수 있고 에너지 소비를 줄이며 헤엄칠 수 있게 되었다. 이러한 적응은 가장 다양한 종 분화를 보이는 남극암치과(Notheniids)에서 가장 자주 관찰된다(Rainer et al., 2016).

수명은 약 10년으로 추정되며 3~4년에 성적으로 성숙하는 것으로 알려졌다(DeVries, 1969). 일반적으로 산란은 여름과 가을에 이루어지지만, 얼음이 얼어있는 서식지에서 산란할 때는 가을이나 겨울에 산란한다. 일부 종은 계절에 따라 얼음이 언 지역과 그렇지 않은 지역을 회유하는 양상도 보고되었다. 물고기 대부분은 산란하기 위해 얕은 물이나 경사진 대륙붕이 있는 지역으로 이동한다(Kock et al., 1991).

산란한 알들은 종에 따라서 물속으로 퍼지거나 해저에 붙기도 한다. 때로 바위 또는 해면류에 부착되기도 한다. 산란 후에도 알을 포식자로부터 보호하고, 알 주위의 산소 농도를 높이거나, 죽거나 손상된 알을 처리하기 위해 둥지를 트는 것으로 알려져 있다. 남극빙어 중에는 해저에 알을 낳고 골반지느러미를 이용하여 알을 품는 종들도 있다(Near & Jones, 2012). 알은 부화할 때까지 5개월 정도의 긴 기간을 거친다(Kock et al., 1991). 부화까지 시간이 긴 이유는 수온이 낮기 때문이다. 어린 유생은 발달 단계까지 부화하지 않는다(Vacchi et al., 2004).

어떤 물고기가 남극해에서 살아갈까?

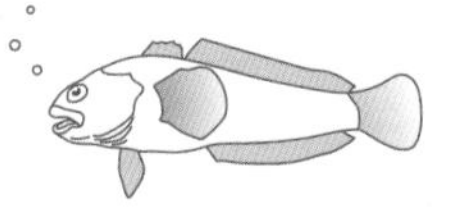

전 세계 해양에서 남극암치아목(Nototheniidae)의 물고기는 모두 8개과 159종으로 알려져 있다. 아래 그림의 분류 계통도처럼 보비크투스과(Bovichtidae), 프세우다프리티스과(Pseudaphritidae), 엘레기놉스과(Eleginopidae), 남극암치과(Nototheniidae), 수염남극양태과(Artedidraconidae), 남극양태과(Bathydraconidae), 남극빙어과(Channichthyidae), 하르파기페르과(Harpagiferidae)로 분류된다.

이 분류군 가운데 5개의 과의 남극암치과, 수염남극양태과, 남극양태과, 남극빙어과, 하르파기페르속과에 속하는 117종의 물고기가 남극해의 안과 밖에서 살아간다.

특이하게도 오로지 남극해에만 살고 있는 분류군은 수염남극양태과의 35종이 있다.

● 남극 물고기 분류 계통도

부레가 없는 남극암치과의 물고기

각 과 물고기의 특징을 살펴보면 남극암치아목의 대표적인 과는 남극암치과로 56종이 있어 가장 종류가 많은 과이다. 이 가운데 35종이 남극해에만 사는 것으로 알려져 있다. 남극암치과의 어원이자 남극암치속명인 노토테니아(*Notothenia*)는 "남쪽에서 온"이라는 뜻이다. 모습은 방추형 또는 길쭉하고, 보통 두 개의 등지느러미를 가지고 있으며, 비교적 큰 가슴지느러미를 가지고 있다. 생태적으로 남극의 물고기 가운데 가장 많은 생물량을 보이는 중요한 종이며, 남극 대륙의 연안에 주로 서식한다. 그중에서 가장 많은 종은 남극검은암치와 남극대리석무늬암치이다. 남극암치과 물고기가 지닌 생물학적으로 가장 큰 특징은 부레가 없

● 남극암치과 남극검은암치(*Notothenia coriiceps*)(출처: 국립수산과학원)

● 남극대리석무늬암치(*Notothenia rossii*)(출처: 국립수산과학원)

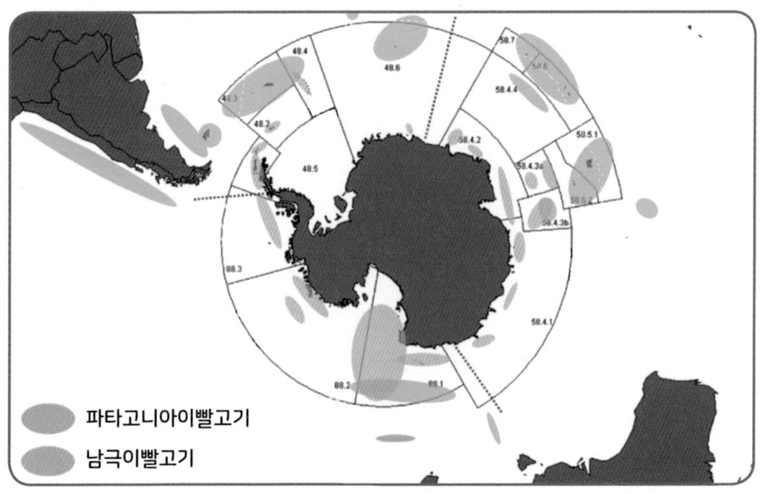

● 남극이빨고기와 파타고니아이빨고기의 서식처 비교(출처: CCAMLR)

● 남극이빨고기(*Dissostichus mawsoni*)(출처: 남극어류도감)

● 파타고니아이빨고기(*Dissostichus eleginoides*)(출처: 남극어류도감)

다는 것이다. 부레는 일종의 공기주머니로 물고기가 물속을 자유롭게 헤엄치는 데 필수적인 기관이다. 대부분의 남극암치과 물고기는 부레가 없기 때문에 연안의 바닥에 주로 서식하고, 헤엄치는 데 조금이라도 도움이 되기 위해 상대적으로 가벼운 지방 조직을 늘리고, 뼈 속의 무기질을 감소시켜 무게를 줄이는 전략으로 진화해 왔다.

또한 남극암치과 물고기는 상업용 어업의 주요 대상종이며 이 가운데 이빨고기(toothfish) 종류는 파타고니아이빨고기(*Dissostichus eleginoides*)와 남극이빨고기(*Dissostichus mawsoni*)가 잘 알려져 있다. 두 종은 분류학적으로 매우 가까운 종이지만, 생태적으로는 뚜렷하게 구별되는 특징이 있다. 또한 남극암치과 물고기는 일생동안 남극해에서만 사는 물고기와 남극해 밖에서 사는 종이 있는데, 이 두 종이 바로 그 예이다. 남극이빨고기는 남극해에서만 서식한다. 그런데 파타고니아이빨고기는 남극해의 바깥쪽에 주로 서식하므로 엄밀히 따지면 남극 물고기가 아니다. 우리나라에서도 메로라는 이름의 고급 식재료로 알려진 물고기이다.

알을 해저에 붙이고 보호하는 하르파기페르과 남극 물고기

하르파기페르과(Harpagiferidae)는 하르파기페르속(*Harpagifer*) 1속뿐이며 12종의 물고기로 구성된다. 이 중 7종은 남극해에서만 발견되었다. 나머지 종들은 남극해로부터 남서 태평양, 남서 대서양, 인도양에 걸쳐 넓은 지역에서 보고되고 있다. 이름의 유래를 살펴보면, 하르파고(harpago)는 그리스어로 '약탈 또는 갈고리', 페르(ferre)는 라틴어로 '가져오다'는 뜻이다. 이 과의 물고기를 영어로 가시가 있는 전리품 물고기(Spiny plunderfishes)라고 부르는 이유와 연관이 있는 것 같다. 크기는 소형으로 다 자라도 10cm 정도에 불과하다. 남극해에서는 연안에 주로 서식하며, 산란한 알을 해저에 부착하여 보호하는 특성을 지녔다.

● 하르파기페르과 남극가시플런더피쉬(*Harpagifer antarcticus*) (출처: The Research Center Dynamics of High Latitude Marine Ecosystems (IDEAL))

● 하르파기페르과 심해가시플런더피쉬(*Harpagifer spinosus*)

턱에 수염 같은 돌기가 있는 수염남극양태과 물고기

4속, 35종으로 구성된 수염남극양태과(Artedidraconidae) 물고기는 영어로 수염전리품물고기(barbeled plunderfishes)라고 불리는데, 턱에 수염과 같은 돌기가 나 있고, 아가미뚜껑에 갈고리 모양의 가시가 있는 것에서 비롯되었다. 학명의 유래를 살펴보면, 아르테디(Artedi)는 어류학의 아버지로 불리는 피터 아테디(Peter Artedi)로부터 이름이 유래하였으며, 드라콘(dracon)은 그리스어로 용(dragon)을 의미한다. 남극 물고기 중 가장 깊은 수심에서 서식한다고 알려져 있으며, 이 과에 속하는 물고기 모두가 남극해와 로스해(Ross sea)에서만 보고되었는데, 말 그대로 진정한 남극 물고기만으로 이루어진 분류군이라고 할 수 있겠다. 산란한 알을 해저에 부착하여 보호하는 생태적 특성을 가지고 있다.

● 수염남극양태과 날개수염양태(*Histiodraco velifer*)(출처: 국립수산과학원)

● 포고노파리네속(*Pogonophryne spp*)(출처: 남극어류도감)

긴부리 같은 입을 가진 남극양태과 물고기

남극양태과(Bathydraconidae)는 17종의 물고기로 구성되어 있으며, 두 종을 제외하고는 모두 남극해에서만 보고되었다. 과명의 유래는 깊다는 뜻의 그리스어 bathy와 용을 뜻하는 dracon의 합성어이다. 이름 그대로 남극의 깊은 해저에 주로 서식하는 것으로 알려져 있다. 형태적으로는 긴 부리형의 입을 가지고 있으며, 등지느러미는 가시가 없다. 이런 형태적 특징은 다른 남극암치아목 물고기 분류군과 확연하게 구별되는 점이다. 대표종으로는 남극드래곤피쉬(*Parachaenichthys charcoti*)가 알려져 있다. 극지연구소에서는 2017년 이 종의 전체 유전체를 해독하여 논문을 발표한 바 있으며 비교적 친숙한 종이다. 남극드래곤피쉬와 플러프피쉬(*Gymnodraco acuticeps*)는 얕은 수심의 해저에서 알을 낳은 후, 알을 지키는 생태적 습성을 보인다.

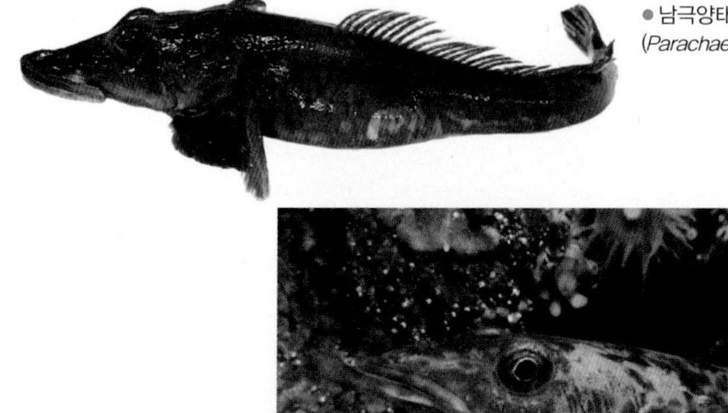

● 남극양태과 남극드래곤피쉬 (*Parachaenichthys charcoti*)

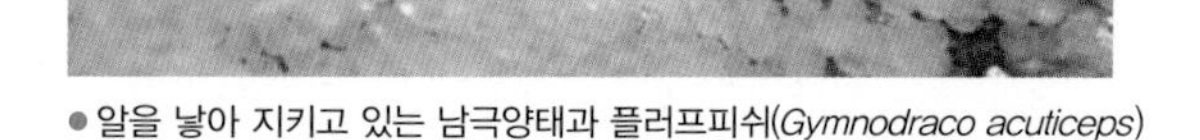

● 알을 낳아 지키고 있는 남극양태과 플러프피쉬(*Gymnodraco acuticeps*)

하얀 피를 가진 남극빙어과 물고기

마지막으로 소개할 분류군은 25종으로 구성되어 있는 남극빙어과(Channichthyidae) 물고기로 남극해의 환경에 가장 잘 적응하고 진화한 종이다. 과명의 유래는 그리스어로 멸치를 뜻하는 channe과 물고기를 뜻하는 ichthys의 합성어로, 멸치 같은 물고기를 뜻한다. 남아메리카 칠레 연안에서 발견된 1종을 제외하고는 모두 남극해에서만 서식하는 것으로 보고되었다. 형태적으로 주둥이가 앞으로 길게 튀어나와 아래로 처져 있어, 그 모습이 흡사 악어와 비슷하여 악어빙어(crocodile icefish)라고 한다. 비교적 대형종으로 몸길이는 최대 75cm까지 자란다. 남극양태과 물고기와 마찬가지로 산란한 알을 해저에 부착하여 보호하는 습성을 보인다. 남극빙어과 물고기는 다 자란 물고기의 혈액에 헤모글로빈이 거의 없는 전 세계에서 유일한 척추동물로 알려져 있다. 적혈구가 극히 적어 혈액은 거의 투명하게 보이며 하얀피물고기(white-blooded fish)라고도 불린다. 산소를 운반하는 헤모글로빈이 적은 대신 차가운 남극해의 풍부한 산소를 다른 기관에 비하여 매우 크게 발달한 심장을 통해 몸 구석구석으로 산소를 보내주고 피부호흡으로 보충하는 것으로 알려져 있다. 대표종으로 하얀 피를 가진 남극 물고기로 가장 많이 알려진 검은지느러미남극빙어(*Chaenocephalus aceratus*)와 남극빙어라는 이름으로 상업적으로 많이 유통되는 메켈빙어(*Champsocephalus gunnari*)가 있다.

● 검은지느러미남극빙어(*Chaenocephalus aceratus*)

● 메켈빙어(*Champsocephalus gunnari*)(출처: 국립수산과학원)

남극암치아목(Notothenioidei) 물고기

과(Family)	속(Genera)	종수 (Species)	대표 종	남극해 고유종수
수염남극양태과 Artedidraconidae	*Artedidraco*	6	*Artedidraco lonnbergi*	6
	Dolloidraco	1	*Dolloidraco longedorsalis*	1
	Histiodraco	1	*Histiodraco velifer*	1
	Pogonophryne	27	*Pogonophryne neyelovi*	27
남극양태과 Bathydraconidae	*Acanthodraco*	1	*Acanthodraco dewitti*	0
	Akarotaxis	1	*Akarotaxis nudiceps*	1
	Bathydraco	5	*Bathydraco antarcticus*	5
	Cygnodraco	1	*Cygnodraco mawsoni*	1
	Gerlachea	1	*Gerlachea australis*	1
	Gymnodraco	1	*Gymnodraco acuticeps*	1
	Parachaenichthys	2	*Parachaenichthys georgianus*	2
	Prionodraco	1	*Prionodraco evansii*	1
	Psilodraco	1	*Psilodraco breviceps*	1

과(Family)	속(Genera)	종수 (Species)	대표 종	남극해 고유종수
남극양태과 Bathydraconidae	*Racovitzia*	2	 *Racovitzia harrissoni*	1
	Vomeridens	1	*Vomeridens infuscipinnis*	1
남극빙어과 Channichthyidae	*Chaenocephalus*	1	 *Chaenocephalus aceratus*	1
	Chaenodraco	1	 *Chaenodraco wilsoni*	1
	Champsocephalus	2	 *Champsocephalus esox*	1
	Channichthys	9	 *Channichthys irinae*	9
	Chionobathyscus	1	*Chionobathyscus dewitti*	1
	Chionodraco	3	 *Chionodraco hamatus*	3
	Cryodraco	3	 *Cryodraco atkinsoni*	3
	Dacodraco	1	 *Dacodraco hunteri*	1
	Neopagetopsis	1	*Neopagetopsis ionah*	1
	Pagetopsis	2	 *Pagetopsis maculatus*	2
	Pseudochaenichthys	1	 *Pseudochaenichthys georgianus*	1
하르파기페르과 Harpagiferidae	하르파기페르속 *Harpagifer*	12	*Harpagifer bispinis*	7

과(Family)	속(Genera)	종수 (Species)	대표 종	남극해 고유종수
남극암치과 Nototheniidae	*Aethotaxis*	1	 *Aethotaxis mitopteryx*	1
	Cryothenia	2	 *Cryothenia amphitreta*	2
	Dissostichus	2	 *Dissostichus eleginoides*	1
	Gobionotothen	5	 *Gobionotothen acuta*	5
	Gvozdarus	2	 *Gvozdarus svetovidovi*	2
	Lepidonotothen	1	 *Lepidonotothen larseni*	0
	Lindbergichthys	2	*Lepidonotothen squamifrons*	5
	Notothenia	7	 *Notothenia microlepidota*	4
	Nototheniops	3	 *Nototheniops tchizh*	3
	Pagothenia	2	 *Pagothenia brachysoma*	2
	Paranotothenia	2	 *Paranotothenia magellanica*	1
	Patagonotothen	15	 *Patagonotothen guntheri*	0
	Pleuragramma	1	 *Pleuragramma antarctica*	1
	Trematomus	11	 *Trematomus scotti*	11

그 많던 물고기는 다 어디로 갔나?

18세기 후반부터 시작된 전 세계적인 원양어업을 포함한 상업적인 어업이 남극 바다에 사는 해양생물들의 생존에 심각한 위협이 될 때까지는 얼마 걸리지 않았다. 그 당시 날지 않는 바닷새(펭귄)로 시작된 상업적 어업은 1960년대부터 본격적인 크릴과 물고기 어획으로 이어져 정착되었고, 오랫동안 고래를 포함한 해양 포유류에게는 현상금이 걸리는 상황에 이르렀다. 무차별한 어획으로 물고기의 어획량은 빠르게 감소했고 어선들을 더 멀고, 더 오랜 모험으로 이끌었다. 1969~1970년 여름부터는 세종과학기지로부터 북동쪽으로 약 1,300km 떨어진 사우스조지아섬 주변에서 상업적인 어업이 시작되었다. 얼마나 많은 물고기를 잡았는지는 다음의 기록으로 알 수 있는데, 그 결과가 매우 놀랍다.

조업이 시작된 2년 동안, 약 50만 톤 이상의 남극대리석무늬암치(*Notethenia Rossii*)가 어획되었고, 그 후 4년 동안의 어획량은 0으로 곤두박질쳤다(DeVries, 1969). 조업이 이루어지고 있는 해역에 있는 어족자원에 대한 조사나 지식이 전혀 없는 상태에서 벌어진 무분별한 남획이 가져다준 비극이었다. 사우스조지아섬 주변에서 이제는 물고기를 잡을 수 없게 되자, 또다시 주변 해역으로 어업의 범위는 넓어져 남오크니섬과 사우스셰틀랜드 제도를 포함한 남극 해역이라 불릴 수 있는 가장 먼 지역으로 이동하여 무차별적으로 어획을 이어갔다.

35쪽 표에서 볼 수 있듯이 주요 목표 물고기는 메켈빙어와 남극이빨고

남극해의 어업과 자원량 변화

구획별 어획생물	어획 시작일	어획 종료일	현재 어획 제한량(톤)	잔여 자원량 비율(%)
남조지아섬 부근				
메켈빙어	1970	–	3,072	–
남극이빨고기	1976	–	2,600	–
남극혹머리암치	–	–	–	–
남조지아빙어	–	–	–	–
남극검은지느러미빙어	1975	1999	–	24-40
남극대리석무늬암치	1969	1985	–	<5
파타고니아암치	1978	1990	–	~20
남극반도와 남서더랜드섬				
메켈빙어	1978	1980	–	<5
남극가시빙어	1978	1990	–	추정불가
남극대리석무늬암치	1978	1990	–	<10
남오키니섬				
메켈빙어	1977	1990	–	<5
남극혹머리암치	1977	1990	–	40
남극대리석무늬암치	1979	1990	–	<10
케르겔렌섬				
메켈빙어	1970	–	–	~30
남극이빨고기	1977	–	5,100	~15
회백씨올암치	1971	1989	–	<5
남극대리석무늬암치	1970	–	–	<10
허드섬				
메켈빙어	1971	1989	–	~15
남극이빨고기	1995	–	2,730	추정불가
로스해				
남극이빨고기류	1996	–	3,812	–

(출처: O'brien & Crockett, 2013)

● 포클랜드 제도 근해에서 잡힌 파타고니아이빨고기(사진: NOAA)

● 주요 남획 대상인 메켈빙어

기, 남극대리석무늬암치였는데, 1969년부터 1973년 사이의 불과 4년간, 메켈빙어를 포함한 대부분의 어종은 어업 이전에 유지됐던 원래 개체수의 50%까지 고갈되었으며, 10년 후, 남은 자원량은 어업 이전의 20% 수준에 불과하였다. 뒤늦게 심각성을 인식한 국제사회는 1980년, 남극해양생물자원보존에 관한 협약(Convention on the Conservation of Antarctic Marine Living Resources; CCAMLR)에 국제기구가 서명하였고, 1982년 남극해양생물자원보존위원회(Commission for the Conservation of Antarctic marine Living Resoures; CCAMLR)를 설립했다. 1983년부터 1990년대까지 남극해양생물자원보존위원회는 여러 지역의 어업을 폐쇄했지만, 이미 회복이 불가할 정도로 개체수가 줄어들었기에 건강한 생태계로 복귀되기에는 너무 늦었다. 전면적인 조업 금지가 결정될 무렵, 남극빙어류를 포함한 일부 물고기 개체수는 이때 이미 상업적 어획이 시작되기 전 자원량의 5~10% 미만으로 감소했다(Kock, 1992).

합법적 어업이 불가한 상태로 30년이 넘었지만 아직 의미 있는 개체수로 회복되지 않았다(Marschoff et al., 2012). 물고기 자원량의 감소는 단순히 물고기에만 악영향을 미치는 게 아니다. 이는 남극바다표범, 젠투펭귄과 마카로니펭귄, 검은머리흰가슴가마우지를 포함한 다양한 물고기 포식자들의 개체수 감소로 이어졌다(Ainley & Blight, 2009). 앞서 소개했던 남극 해양생물의 먹이망에서 중심에 있는 물고기의 역할을 다시 떠오르게 하며, 그 많던 남극의 물고기들이 다 어디로 갔는지에 대한 슬픈 대답이 되겠다. 한번 파괴된 자연은 회복은 그만큼 어려운 것이며, 왜 지켜야 하는지 생각의 폭을 넓히게 한다.

남극 물고기는 왜 수족관에서는 볼 수 없을까?

2018년 가을, 남극에서 살아있는 물고기를 가져와 키우기 시작한 지 어언 2년이 지났을 무렵, 동료 연구원의 소개로 어느 아쿠아리움 전시기획을 담당하시는 분을 알게 되었다. 그분은 평소 잘 아는 사이인 나의 동료 연구원으로부터 극지연구소에서 남극 물고기를 키우고 있다는 이야기를 듣고는 나를 만나게 해 달라고 하셨단다. 직업정신에 투철하신 아쿠아리움 전시기획자로서는 선례를 들어보지 못한 남극 물고기야말로 수족관의 잠재적 유명세를 탈 후보라고 생각하는 건 어렵지 않게 추론할 수 있었다.

나 또한 남극 물고기 연구의 가능성과 중요성을 알리고, 관심을 불러일으키기 위해서는 물고기를 연구하는 과학자뿐만 아니라 일반 대중들에게도 알려야 할 필요성을 인지하고 있던 터라 양쪽 모두 윈윈할 수 있는 기회라고 생각했다. 이튿날 바로 약속을 잡고, 한달음에 아쿠아리움으로 달려갔다. 친절한 가이드와 더불어 오랜만에 다양한 종류의 해양생물을 볼 수 있어 좋았고, 이곳 어딘가 목이 좋은 곳에 많은 사람들의 관심을 받는 남극 물고기의 모습을 상상해 보니 신이 났다.

관람을 마치고, 본격적인 가능성 타진의 시간. "어떻게 남극 물고기를 멀리 우리나라까지 살려올 수 있었는지"부터 "키우는 데 어려움은 없는지", "무엇을 먹이고, 어떻게 관리하는지" 등등 역시 아쿠아리움 전시기획자로서 전문가다운 질문을 주셨고, 나 또한 임무에 충실히 하고자 "어떻게 남극 물고기에 대해 아셨는지", "남극 물고기 전시에 대한 의의는 무엇인지" 등 대화는 원원을 향해 거침이 없었다. 그런데 왠지 너무 잘 나가는 게 불안하다 싶을 즈음, 이야기를 지속하며 깨달았다. 내가 여기에 올 게 아니라, 이분을 극지연구소로 오시게 해서, 남극 물고기를 직접 보여드렸어야 했다.

그랬다. 수족관에서 물고기를 키우기 위해서는 그 물고기가 살 수 있는 환경을 만들어 주어야 한다. 너무나 당연한 이야기인데, 이게 남극 물고기라는 게 문제다. 가장 중요한 건 물의 온도, 즉 수온이다. 남극 물고기가 사는 남극 바닷물의 수온은 연중 1.5℃에서 -1.9℃ 범위이다.

"남극인데 생각보다 안 차갑잖아?" 솔직히 이렇게 생각하는 분들도 있을 수 있다는 것을 깨달은 지 얼마 되지 않았다. 얼마 전, 연구소 홍보실의 요청으로(앞에서 내가 얼마나 헌신적으로 홍보활동에 임하는지 이야기한 바 있다) 일반 대중을 상대로 극지연구소 유튜브 채널에 올릴 영상을 촬영했다. 생전 처음 조명과 촬영 장비 아래서 작가들과 PD의 기대에 찬 눈들 앞에서 떨리는 마음으로 남극 물고기에 관해 이야기를 이어갔다.

평소 말솜씨가 썩 좋지 않은 나는 실수를 반복하며 겨우겨우 촬영을 이어가고 있는데, 분명히 NG는 아닌데, 반응들이 싸늘했다. "연중 1.5℃에서 -1.9℃의 차가운 수온에 적응해 온 남극 물고기"라는 대목에서 왠지 수긍이 안 간다는 촬영팀의 의심 어린 눈빛들이 레이저를 쏘고 있었다. 스스로 NG를 외치고는 물어 확인해 보니 역시나, "어라, 남극인데 별로 안차갑네!!??"였다.

남극의 연평균 기온은 -23℃ 정도이며, 연안에서는 -10℃ 이하, 내륙은 -55℃에 이르는 지구상에서 가장 추운 곳으로 알려져 있다. 그러니 일반인들에게 1.5℃에서 -1.9℃ 범위의 남극 바닷물 온도는 어쩌면 상대적으로 따뜻해 보일 것이다. 먼저 남극 연안의 평균 기온은 -10℃ 이하이고, 내륙은 -55℃에 이른다고 했는데, 이건 관측된 값이니, 진실이며 의심할 이유가 없다. 그럼 왜 대륙이 더 춥고, 연안, 즉 바닷가는 덜 추운 걸까? 이건 남극뿐만 아니라 우리나라에서도 마찬가지인데, 겨울철에 인천이나 속초가 강원도 내륙의 산골짜기보다 훨씬 덜 춥다는 것은 경험으로 쉽게 이해가 간다. 이처럼 연안이나 바닷가가 내륙보다 덜 추운 것은 다름 아닌 바로 물 때문이다.

사실 알고 보면 물은 지구상에서 가장 특이한 물질 중 하나라고 할 수 있다. 예를 들어서 거의 모든 다른 액체는 어는 온도에 가까워지면 수축하지만 물은 얼면서 팽창한다. 좀 더 자세히 들여다보면, 물의 온도가 차가워져 4℃에 이를 때까지는 다른 물질과 마찬가지로 부피가 줄어들지만, 4℃ 이하로 내려가면 물의 부피는 늘어난다. 이런 이유로 연못이나 호수에서 차가워진 표층의 물은 부피가 줄고, 밀도가 커져 아래로 내려가고, 아래의 물이 반대로 순환하는 대류가 활발해지지만 표층의 온도가 4℃ 이

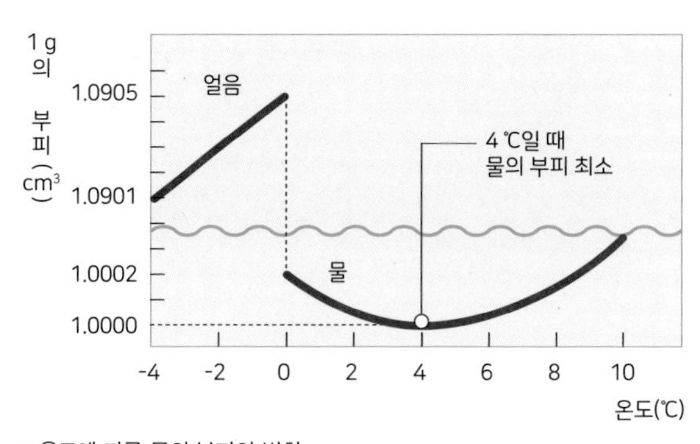

● 온도에 따른 물의 부피의 변화

하로 내려가면 더 이상의 대류현상은 멈춘다. 따라서 물은 표면부터 얼기 시작하고, 가벼운 얼음은 뜨게 된다. 물의 속성이 유사한 화합물들의 양상을 따랐더라면 얼음은 가라앉고 모든 온대 지역의 호수, 연못, 강, 심지어 바다까지 결국에는 바닥부터 얼어붙었을 것이다. 그와 달리 물 표면에 떠 있는 얼음의 피막이 물속에 사는 생물들을 보호하는 열 방출 차단 덮개 역할을 해준 덕분에 지구상의 생명체가 존재할 수 있었던 것이다.

물이 지닌 중요한 성질 중 하나는 온도와 관련된 물의 열속성이다. 쉽게 말해서, 초등학생부터, 아니 요즈음은 유치원생들도 알고 있는 상식 중에 물은 0℃에서 얼고, 100℃에서 끓는다는 것이다. 그리고 다음은 물의 열용량(heat capacity)과 비열용량(specific heat capacity)이라는 개념인데, 열용량이란 물질의 온도를 1℃만큼 올리는 데 필요한 열에너지의 양이다. 열용량이 큰 물질은 온도가 조금 변하면서도 열을 많이 흡수(또는 방출)할 수 있다. 반대로 열이 가해질 때 기름이나 금속처럼 온도가 빠르게 변하는 물질은 열용량이 낮다. 단위 질량의 열용량을 비열용량이라 하는데, 줄여서 비열(specific heat)이라 하며 물질 사이의 열용량을 직접 비교하는 데 쓰인다. 예를 들면 다음 페이지의 그래프에 보이는 것처럼 물은 비열이 매우 높아서 1g에 정확히 1cal인데, 주변에 흔히 접하는 물질의 비열은 이보다 훨씬 낮다. 열을 가하면 금세 뜨거워지는 철이나 구리의 열용량은 물의 1/10 수준이다.

그렇다. 바닷가처럼 물이 가까이 있는 곳은 물의 상대적으로 높은 비열 때문에 같은 추위의 정도를 가져오는 에너지를 가했을 때, 덜 영향을 받게 되는 것이다. 그에 반해 내륙은 대부분 암석, 철, 구리 등 비열이 낮은 물질로 이루어져 있으므로 상대적으로 작은 에너지만 가해도 온도가 급격하게 내려가 더 춥게 되는 것이다. 이 설명으로 해양으로 이루어진 북극보다 큰 대륙으로 이루어진 남극이 더 춥다는 것도 알 수 있다. 이러한 물의 열 특성에 의해서 남극 대륙이 -55℃까지 떨어질 때, 연안은 -10℃, 바닷물 온도는 -1.9℃를 유지한다.

강이나 호수를 이루는 담수의 경우 0℃에 표면부터 얼기 시작하고, 매서운 강추위에 한강이 얼었다는 기사도 보게 된다. 바닷물은 염분이라

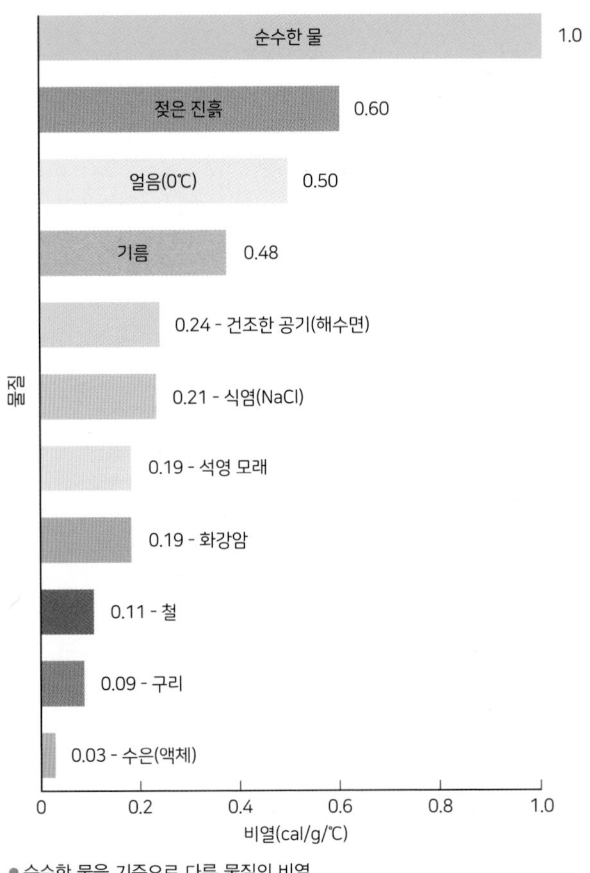

● 순수한 물을 기준으로 다른 물질의 비열

부르는 많은 물질이 녹아있는데, 이 물질들이 얼음의 결정구조를 이루는데 필요한 수소결합의 형성을 방해하기 때문에 어는점이 낮아지게 되고, 0℃에서 얼지 않고, -2℃에 비로소 얼기 시작한다. 그러니 남극 바닷물의 수온은 지구상에서 물고기가 살 수 있는 가장 차가운 온도인 것이다. 그 이하로 더 내려가면 바다도 얼어 버릴 테니 그때는 물고기도 북극곰이나 파충류처럼 동면하는 방법을 배워야 할 거다.

본론으로 다시 돌아가서 남극 물고기를 키우려면 바닷물의 온도를 남극의 평균 바닷물 온도의 상한선인 1.5℃ 이하로 유지해야 한다는 결론이다. 물론 이보다 조금 더 높게 유지해도 바로 죽거나 하지는 않을 테지만, 생각해보시라. 수천만 년 동안 살아온 곳의 수온이 1.5℃에서 -1.9℃ 범위였던 남극 물고기에게 그 범위를 조금만이라도 벗어나는 것이 얼마나 큰 모험이자 스트레스일지 말이다. 기존의 상업적 아쿠아리움이나 수족관에서 전시할 수 있는 냉수성 물고기, 즉 찬물에서 사는 물고기는 산천어, 열목어, 연어, 송어 등을 떠올릴 수 있다. 이런 냉수성 어종들은 약 15℃ 이하의 수온에 적합한 어종들이며, 아쿠아리움은 그 정도 수준의 수온을 유지할 수 있는 냉각 설비와 시설을 갖추면 된다.

그러나 남극 물고기에겐 15℃의 수온은 생존을 위협하는 뜨거운 물이다. 따라서 남극 물고기를 사육하고, 또는 전시하기 위해서는 기존의 냉수성 어종보다 10배 이상 낮은 수온의(최소한 1.5℃) 바닷물을 공급하기 위한 시설을 갖추어야 하며, 이것은 상당한 비용의 투자가 있어야만 가능한 것이다. 면담이 끝날 무렵, 시설 투자에 대한 내부 검토 후 연락을 주신다고 했던 그 친절하신 아쿠아리움 전시기획 담당자분은 아직 연락이 없다.

제2부

남극 물고기,
그들만의 리그

남극 로스해 해저의 남극 물고기와 저서무척추동물들 • 사진: 인더씨 김사흥

꼼짝 마!
갇혀있는 남극 물고기?!

이 책은 극지 물고기 가운데 남극 물고기에 대해 소개하는 책이다. 그런데 남극뿐만 아니라 북극의 차가운 수온에 적응에 살아가는 대구, 광어 같은 물고기도 있는데 왜 남극 물고기만 다루고 있는지 의문이 드는 독자도 있을 수 있겠다. 혹시 '슬기로운 북극 물고기'라는 제목으로 속편이 나오는 건 아닌지 하면서 말이다. 그러나 그럴 일은 없을 것 같다. 북극의 차가운 물에 사는 물고기도 특별하지만 남극 물고기는 '더 오래된 시간의 산물'이기 때문에 더 특별하다. 남극 물고기를 특별하게 만든 '더 오랜 시간의 산물'이란 어떤 의미인지 알아보려면 남극 바다의 역사에 대해 조금 살펴볼 필요가 있다.

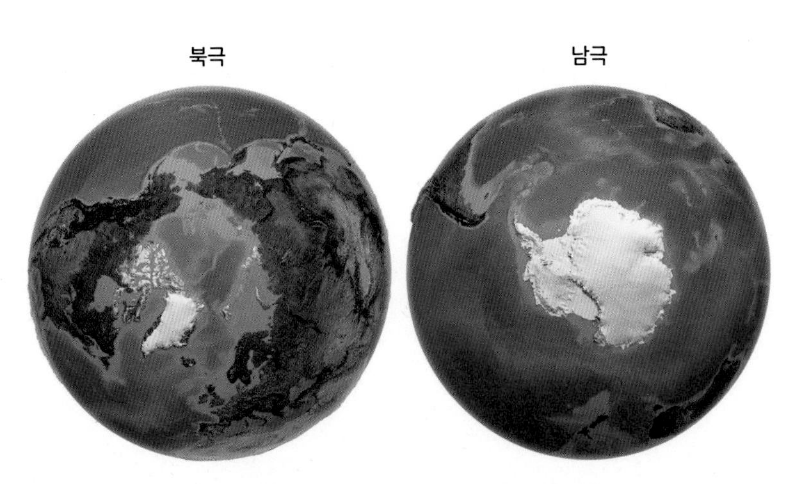

● 육지로 둘러싸인 북극해와 바다로 둘러싸인 남극 대륙

우선 지형학적으로 북극은 여러 대륙으로 둘러싸인 바다지만 남극은 대양으로 둘러싸인 대륙이다. 그러다 보니 언뜻 보기에 북극의 바다는 여러 대륙에 막혀 있는 것 같고, 반면에 남극의 바다는 드넓은 대양으로 뻥 뚫려있는 것 같다. 그러나 그렇게 판단하기엔 이르다. 북극해는 왼쪽 페이지의 그림을 보면 위로는 좁기는 하지만 알래스카와 러시아 사이의 축치해(Chukchi Sea)는 큰 물길이 열려있고, 아래로는 그린란드와 북유럽에 사이로 이어지는 북대서양과 막힘없이 이어져 있다. 그래서 때로는 북극해를 북대서양의 일부로 보는 견해도 있다.

기후 및 지질학적인 연구에 의하면 약 5,500만 년 전 원래 이어져 있던 남극 대륙은 남아메리카 대륙으로부터 떨어져 나가기 시작하였다.

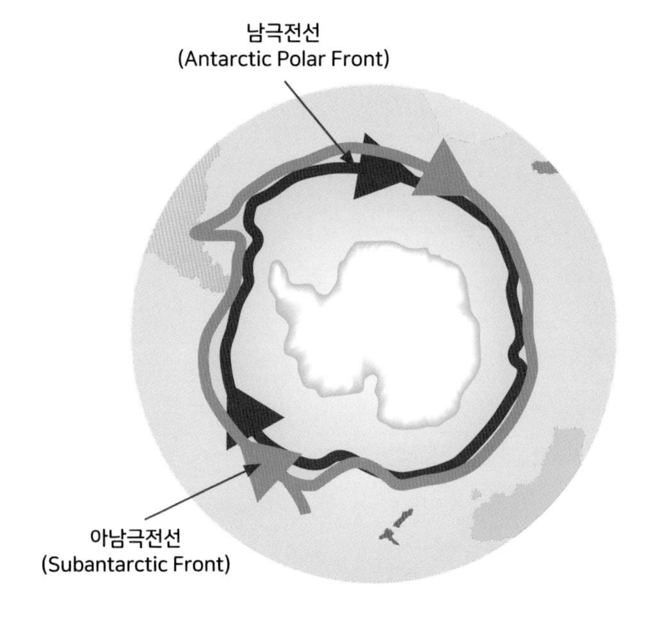

● 남극해의 형성 원인이 된 극순환류(circumpolar currents)

그로부터 3,000만 년이 지나 완전히 분리된 두 대륙 사이로 드레이크 해협(Drake Passage)이 열렸고, 남극 대륙을 휘감고 도는 극순환류(circumpolar currents)가 형성됨으로써, 수온의 하강이 지속되게 되었다. 약 10만~14만 년에 이르러 남극해의 수온은 5℃까지 하강하였고, 현재에 이르러서는 비로소 연중 1.5℃에서 -1.9℃ 범위를 유지하게 되었다.

남극 대륙을 휘감고 돌고 있는 극순환류가 얼마나 강하기에 외부로부터 해수온의 완전한 분리를 이끌었을까? 남극의 바다는 비록 전 세계 바다의 10%만 해당되지만 극순환류는 초당 1억 3,000만m^3 이상의 속도로 순환하는 해류이며 지구상에서 가장 큰 물줄기의 흐름이다. 전 세계 모든 강의 흐름을 다 합치면 초당 약 100만m^3가 된다고 한다(O'brien & Crockett, 2013). 이와 비교하면 극순환류의 위세가 실로 엄청난 것임을 알 수 있다. 남극해가 생성되기 전에는 많은 종의 해양생물, 그중에서도 해양 물고기들이 남극 대륙 연안을 자유롭게 드나들며 살아왔다. 그러나 극순환류의 생성과 더불어 남극 물고기는 남극 대륙 연안은 물론, 남극해로의 접근이 완벽하게 차단되었다. 반대로 안쪽에 머물던 물고기들도 그 엄청난 물기둥을 뚫고 따뜻한 대양으로 나가는 것이 원천 봉쇄되었다.

지금 우리가 사는 시대는 전 세계에 걸쳐 거의 모든 분야에서 실시간에 가까운 교류가 가능하다. 유명한 피아니스트와 성악가는 물론이고, 우리나라의 케이팝과 아이돌 스타들이 전 세계를 돌며 한류를 전하고 있다. 다양한 스포츠 종목에서 유능한 선수를 영입하고, 팀을 옮기며, 거대한 상업 시장을 형성하였다. 그 덕분에 많은 스포츠 팬들은 좋아하는

● 가상의 남극 독립 리그

선수를 응원하며 밤잠을 설치지만 즐겁다. 다음날 출근해서 틈틈이 졸지언정 말이다. 그만큼 다방면에 세계화한 리그가 형성되었다. 그러나 남극해에 사는 해양생물과 물고기는 오래전부터 그들만의 리그를 해왔고, 앞으로도 해 나갈 것이다. 아마도 리그 이름은 '프리저리그(Freezer League)'가 아닐까 싶다. 그야말로 '고립무원' '꼼짝마'인 것이다.

어떻게 살아남았지?

크고 강력한 남극 극순환류에 의해 오도 가도 못하고 꼼짝없이 갇히게 된 수많은 종의 남극 물고기는 어떤 운명을 맞이했을까? 답은 두 가지 중 하나다. 죽거나 살거나, 더 정확하게는 죽었거나, 살아남았다. 과연 남극 물고기들은 어떻게 살아남았는지 그 생존의 비결이 궁금하지 않을 수 없다. 남극의 바다가 물의 비열 덕분에 내륙과 비교해서 덜 춥다고는 하지만, 남극의 겨울 바다 수온은 -1.9℃에 이르고, 이 수온은 바닷물이 어는 차가운 온도다. 경험을 얘기하자면 얼음을 만지는 것처럼 진짜로 차갑다.

남극을 다녀온 사람이라면 한 번이라도 남극의 바닷물에 손을 담가보지 않은 사람은 없을 것이다. 그런데 나는 지난 4년 동안 남극의 물고기를 직접 키우다 보니, 좋건 싫건 그 차가운 물에 손을 담글 일이 꽤 많았다. 예를 들어, 실수로 놓쳐버린 뜰채를 건져내거나, 수조의 벽면에 끼인 노폐물을 제거한다든지 하는 일들 말이다. 처음에는 잠깐이니 괜찮겠지, 하며 용감히 맨손을 담그기도 했다. 그러나 동상을 입을 수도 있기 때문에 지금은 그렇게 하지 않는다.

이렇게 차가운 바닷물을 담은 전 세계 최초의 남극 물고기 전용 아쿠아리움을 지난 4년간 -1.0℃에서 1.0℃의 수온 범위를 유지해 오고 있다. 실제 남극 해수온의 최저치인 -1.9℃에 비하면 2℃나 덜 차가운 데도, 그 짜릿한 염도 높은 냉수의 느낌은 경험해보지 않은 사람은 상상을 불허한다. 몸속의 혈액과 체액이 얼어들어가는 느낌이라면 아마 적절할

듯싶다. 굳이 권하지는 않지만, 그래도 도전을 해보고 싶은 분들이 있다면 따로 연락해주기를 바란다. 상상컨대 넉넉잡아 10초 만에 놀라 넣었던 손을 빼는 본인의 모습을 보게 될 것이다.

그런데 혈액과 체액이 얼어들어가는 느낌을 물고기는 못 느끼는 걸까? 자연이나 생물 수업에서 인간은 항온동물이고, 물고기는 변온동물이라는 개념을 들어봤을 것이다. 우리는 음식을 먹고, 움직이며, 땀과 배설을 통해 에너지를 만들어 열심히 체온을 유지한다. 항온동물에게 체온 유지는 중요하며, 살아가는 방식이다. 더욱이 요즈음 우리는 지루한 코로나19 팬데믹 상황에서 체온이 정상범위보다 올라가는 게 얼마나 주목받을 일인지 너무나 잘 알고 있다.

그렇다면 변온동물이라는 물고기는 어떨까? 물고기는 삶의 터전이며 환경인 물의 온도, 수온에 따라 체온이 바뀐다. 사람을 포함한 포유류와 달리 물고기는 에너지를 사용해서 체온을 유지할 이유가 없다는 것이다. 굳이 체온을 유지하는데 에너지를 쏟지 않아도 된다고 하니 썩 괜찮지 않을까 싶다. 수온이 얼마나 변하는지 상관없이 얼마든지 맞출 수 있다면 말이다. 그러나 그런 무임승차는 자연에서 존재하지 않는다. 모든 물고기를 포함한 물속에 사는 변온동물은 수용할 수 있는 적정한 수준의 온도가 있다. 그 범위를 벗어나면 당연히 문제가 생긴다.

수영을 즐기는 사람이라면 누구나 한 번쯤 그런 기억이 있을 거다. 수온이 아직 덜 오른 초여름의 강이나 바다를 찾아 수영을 즐겼다가 한여름 독감이 걸렸던 기억, 또는 차가운 물속에서 수영하다보면 더 빨리 배가 고파지거나 갑자기 피곤해졌던 기억 말이다. 수온이 어른은 23℃ 이상, 어린이는 적어도 25℃ 이상은 되어야 별 무리가 없이 해수욕을 즐길

수 있다고 하는 이유가 바로 그것이다. 체온을 유지하여, 항상성을 유지하기 위해서는 항온동물에게도 적절한 온도 범위가 필요하듯, 변온동물도 견딜 수 있는 범위를 벗어나면 면역체계가 무너지고, 결국은 폐사에 이르게 된다. 남극 물고기가 추위를 느끼느냐 못 느끼느냐는 문제가 아니다.

-1.9℃에서 바닷물이 얼지 않는 것은 물속에 다량의 염이 녹아있기 때문이다. 다시 말해 남극의 바닷물은 과냉각된 셈이다. 이 과냉각된 바닷물에 담수를 넣은 유리병을 담가두면 얼마 지나지 않아 병 속의 물은 꽁꽁 얼어 버린다. 단단한 병 속에 들어있는 물도 얼려버리는 이 차가운 바닷물 속에서 남극의 물고기들은 어떻게 혈액과 체액이 얼어붙지 않는 것일까? 유리병보다 두껍고, 북극곰의 털보다 따뜻한 난방기라도 몸에 지니고 다니는 걸까? 남극 물고기의 생존의 비밀은 무엇일까?

우선 5,500만 년 전에도 변온동물이었을 남극 물고기의 과거로 가보자. 남아메리카 대륙으로부터 떨어져 나온 남극 대륙 연안에서 살던 물고기들에게 삶의 터전인 바닷물 온도가 조상 대대로 살아오던 수온 범위에서 벗어나기 시작하며 점점 차가워졌을 것이다. 그러나 그 수온의 변화를 느끼기에는 시간의 흐름이 너무나 길고 장대하다. 수온이 5℃에 이르기까지 4,500만 년이 흘렀고, 그로부터 또 100만 년이 더 지나서 지금의 수온에 이르렀다.

그 상상할 수 없을 만큼 기나긴 시간 동안 남극 물고기는 무엇을 했을까? 남극 대륙 분리 후, 어떤 생명체도 자기가 살아생전에는 결코 느낄 수 없을 만큼 시나브로 차가워지는 그 미묘한 수온의 변화에 생명은 신비롭게도 반응했다. 그것은 다름 아닌 결빙방지 단백질(anti-freezing

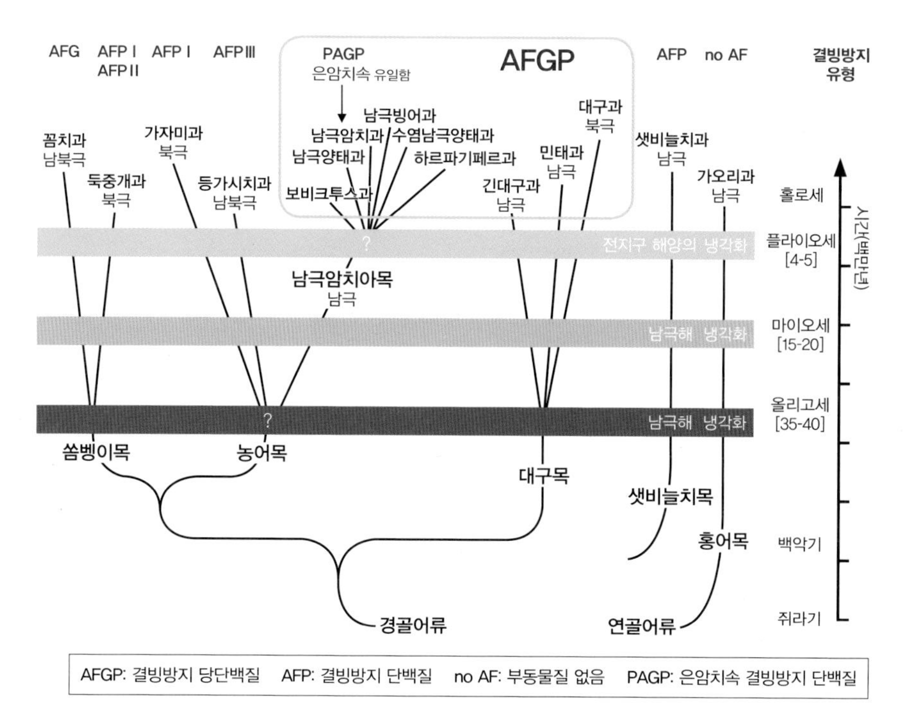

AFGP: 결빙방지 당단백질 AFP: 결빙방지 단백질 no AF: 부동물질 없음 PAGP: 은암치속 결빙방지 단백질

● 결빙방지 단백질을 가진 남극 물고기의 진화 계통도(출처: Wohrmann A. P. A., 1996)

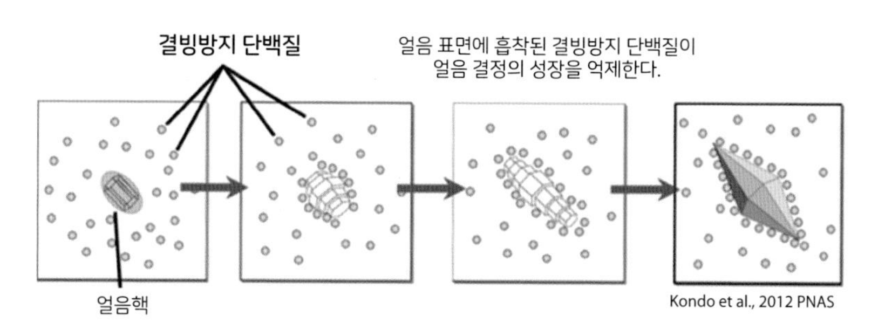

● 결빙방지 단백질의 기능

protein)의 탄생이다. 우리가 얼음이 어는 과정을 알면, 이 단백질이 어떤 역할을 하는지 아는 데 도움이 된다.

위의 그림에서 보듯이 얼음이 얼기 위해서는 기초가 되는 작은 조각, 즉 얼음의 핵(ice nucleus)이 필요하다. 그 핵의 겉에 또 다른 얼음 조각이 붙으며 조금씩 얼음이 커져 나간다. 그런데 결빙방지 단백질이 처음의 얼음핵 주변을 빼곡히 감싸고, 얼음 조각이 붙을 수 있는 공간을 용납하지 않으면 얼음은 성장하지 못하고, 결국 얼지 않게 된다. 유일한 남극 물고기의 목(Order)인 남극암치아목(Notothenioidei) 중에는 차가운 남극해의 수온에서 몸속의 혈액과 체온이 얼지 않고 견딜 수 있도록 도와주는 결빙방지 단백질을 만드는 진화에 성공한 종들이 있지만, 그 유일한 생존의 비결을 미처 획득하지 못한 종들도 존재한다. 당당히 남극 물고기라고 불리려면 아무래도 결빙방지 단백질은 필수이다.

왜 남극 물고기의 혈액은 얼지 않을까 하는 의문을 제기한 사람은 1950년대 미국 우즈홀 해양연구소의 퍼 프레드릭 숄랜더 박사였다. 그는 남극 물고기는 혈액을 얼지 않게 하는 무언가가 있다고 추측했지만, 실험적으로 그 존재를 발견하지는 못했다. 10년의 세월이 더 흘러 그 존재를 증명한 사람은 미국 스탠퍼드대학교의 대학원생인 아서 드브리(Arthur DeVries)였다.

그는 남극 물고기의 혈액을 뽑아 혈장과 기타 성분들을 분리하여 실험을 진행하였다. 혈장의 경우 냉동고에서 서서히 얼려보니 -0.7℃에서 얼었다. 남극 물고기 혈장의 어는점을 확인한 셈인 동시에 -1.9℃에서도 혈액이 얼지 않는 비결이 물고기의 혈장에 들어있는 어떤 성분은 아니라는 사실을 안 것이다. 이제 남은 후보는 바로 혈장과 별도로 분리해 낸 침전물들이었다. 그 침전물들을 하나씩 혈장에 첨가한 후, 다시 얼리기를 반복한 결과, 어떤 침전물을 넣었을 때, 어는점이 거의 -1.9℃ 이하로 떨어졌다. 바로 남극 물고기의 혈액이 얼지 않는 비밀을 확인하는 역사적 순간이었다. 이 물질이 바로 결빙방지 단백질이었다(DeVries, 1969; 김학준 & 강성호, 2014).

겨울철 자동차를 생각해보자, 엔진 가동 시 발생하는 열을 식히기 위해 넣어주는 냉각수가 얼어 버리면 낭패다. 이를 방지하고자 넣어주는 부동액(에틸렌글리콜, 어는점 -12.9℃)과 같은 역할을 하는 일종의 생체 부동액이다. 아서 드브리 교수는 이후로도 남극 물고기의 결빙방지 단백질 연구에 몰두해오고 있으며, 지금까지 총 네 가지의 서로 다른 결빙방지 단백질을 발견하였다.

● 혈액과 체액이 얼지 않게 하는 생체 부동액 같은 결빙방지 단백질을 가진 남극 물고기

차갑지만 달달한 남극 물고기의 선물

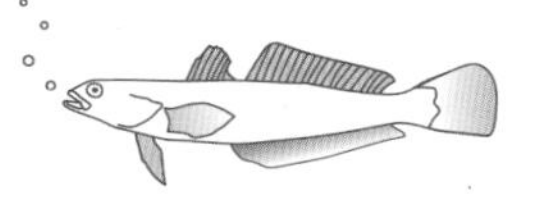

남극 물고기에서 최초로 발견된 이 결빙방지 단백질은 우리 곁에 아주 가까이 있다. 바로 후식으로 또는 더운 여름철에 즐기는 맛있고 부드러운 아이스크림에 들어있다. '아이스크림에 웬 결빙방지 단백질?' 갑자기 잘 먹다가 생선 비린내라도 날까 킁킁거리는 사람은 없길 바란다. 실제 아이스크림에 들어있는 결빙방지 단백질은 효모를 통해 대량생산한 것이니 비린내가 날 일은 없다.

1970년대 후반을 어린이로 살아온 사람들은 기억할 테지만 그 당시 아이스크림은 시원한 크림이 아니라 그냥 아이스인데, 때론 아이스케키했다. 얼음에 설탕과 색소를 넣어 함께 얼렸다고 생각하면 쉽겠다. 부드

● 극지방 물고기에서 발견된 결빙방지 단백질을 이용한 저지방 아이스크림 제조

러운 아이스크림을 만들려면 지방을 넣어주면 된다. 그러나 지방을 건강의 적으로 여기는 현대에는 지방이 잔뜩 들어간 아이스크림을 꺼리는 사람들이 있다. 이 난제를 풀어낸 곳은 네덜란드의 거대 식품업체 유니레버였는데, 2006년 부드럽고 지방 함량을 최소화한 아이스크림을 개발하였다.

물고기에서 실제로 결빙방지 단백질을 분리하려면 수지타산이 맞지 않았기에 연구 끝에 양조장에서 발효용으로 사용하는 효모에 물고기 유래의 결빙방지 단백질을 형질전환시켜서 대량의 단백질을 생산할 수 있게 되었다. 저지방이라 부담도 없고, 냉동고에서 꺼내자마자 바로 먹어도 부드럽게 녹아드는 아이스크림. 이제부터라도 아이스크림을 먹을 때, 남극 물고기도 한 번씩 생각해 주길 바란다.

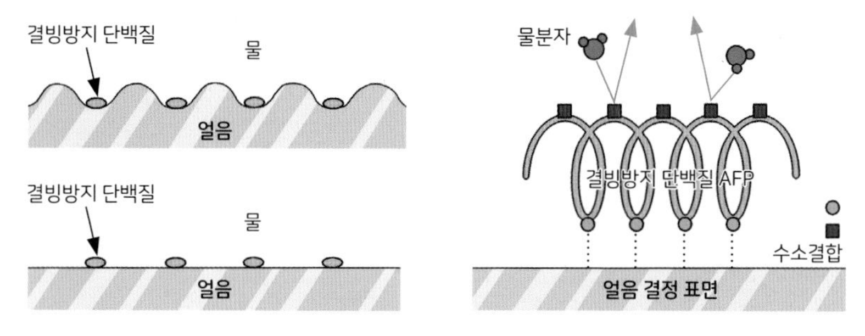

● 결빙방지 단백질이 얼음결정을 억제하는 원리

기초 연구
- 단백질의 구조, 기능
- 얼음결정구조 및 활성
- 저온 생물물리학
- 극지생물 저온생리연구

식품/ 유제품
- 아이스크림, 요구르트
- 육류 등의 냉동보관

동결보존
- 세포, 조직, 기관의 초저온 냉동보존
- 줄기세포, 생식세포, 혈액, 제대혈 보존
- 동결보존 분야 전문가 양성

결빙방지 단백질

형질전환 생물
- 결빙 저항성
- 냉해 저항성
- 결빙방지유전자 스위치를 활용한 형질전환 생물 연구

저온생물학/ 의학
- 저온수술
- 장기의 저온보관
- 저온생물학 전문가 양성

● 얼음 결합 단백질의 연구 동향 및 활용

특성	결빙방지 당단백질 (AFGP)	I 형 결빙방지 단백질 (AFP)	II 형 결빙방지 단백질 (AFP)	III 형 결빙방지 단백질 (AFP)	IV형 결빙방지 단백질 (AFP)
분자량(Da)	2,600 – 33,000	3,300 – 4,500	11,000 – 24,000	6,500	12,000
주요 성분	ATT 반복; 이당류	알라닌 풍부	시스틴 결합		알라닌 풍부
대표구조	확장구조	알파–나선구조	베타–판형구조	베타–샌드위치형 구조	4개의 나선
	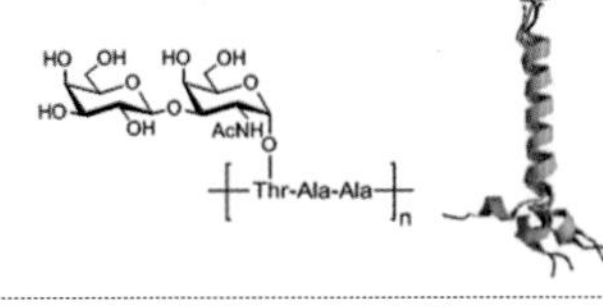				
유래	남극암치아목 북극대구	가자미류 둑중개류	삼세기 청어	등가시치 바다메기	긴뿔꺽정이

● 물고기의 결빙방지 단백질의 종류와 특징(출처: Capicciotti et al., 2013; 김학준, 강성호, 2014)

차갑고 날카로운 얼음장 속 놀이터

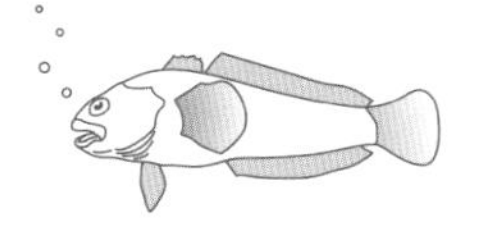

낚시를 취미로 즐기는 우리나라 인구가 2010년 652만에서 2020년 921만 명으로 늘었고, 2024년에는 1,000만 명을 넘어설 거라는 기사가 있었다. 그만큼 인기가 많다는 이야기일 텐데, 물고기를 연구하는 처지에서는 마냥 반갑지만은 않다. 내 연구 대상인 물고기가 그만큼 제 명대로 살지 못하게 된다는 것을 뜻하니 말이다. 그렇다고 무턱대고 어족자원 보호나 전면적인 낚시 금지를 주장하는 건 아니다. 다만, 지구상에서 가장 많이 남획되는 척추동물이 바로 물고기라는 사실 정도는 알리고 싶다.

유엔 식량농업기구(FAO)의 통계자료를 기초로 추정한 바에 따르면, 전 세계에서 매년 약 1조에서 2조 7,000억 마리의 물고기가 어획된다고 『물고기는 알고 있다』의 저자 조너선 밸컴은 밝히고 있다. 또한 벨컴은 인류가 물고기를 사냥하며 도덕적으로 관심권 밖에 있는 생물로 간주되는 이유 중 하나는 물고기가 냉혈동물이기 때문이라고 하였다(조너선 밸컴, 2016). 그렇다고 따뜻한 피를 지닌 가축을 더 보호하거나 먹을 때 죄의식을 갖는다는 건 아니지만, 적어도 종류에 따라 먹는 대상으로 보지 않는다거나, 채식주의자들 중에도 물고기는 섭취하는 사람이 있는 것으로 봐서는 차가운 피를 가진 것이 죄의식을 덜 느끼게 한다는 것에는 나름 설득력이 있다.

우리나라에서는 겨울철 얼음낚시가 유행이고, 덜 추워서 강이 얼지 않는다고 걱정하는 지자체 기사가 나오곤 한다. 앞서 설명한 물의 높은 비열 때문에 강이 얼어붙을 만큼 기온이 내려가도 강물 온도는 영상을 유지한다. 강에 사는 빙어는 여름철의 높은 수온부터 영상이기는 하지만 겨울철의 낮은 수온까지 일생을 통해 여러번 경험하게 된다. 경험은 적응을 뜻하고, 그 형질은 유전되어 다음 세대로 전해지는 것이다. 계절의 흐름에 따라 수온이 변하고, 그 변화에 따라 체온을 맞춰갈 수 있는 상당히 큰 완충 능력을 갖게 되는 것이다.

남극 물고기의 경우 다행히도, 아직은 겨울 낚시를 즐기려고 남극 해빙 위를 찾는 사람은 없기에 낚시로 인해 남획될 일은 적어도 없겠다. 그

● 겨울철 얼음낚시로 잡은 빙어

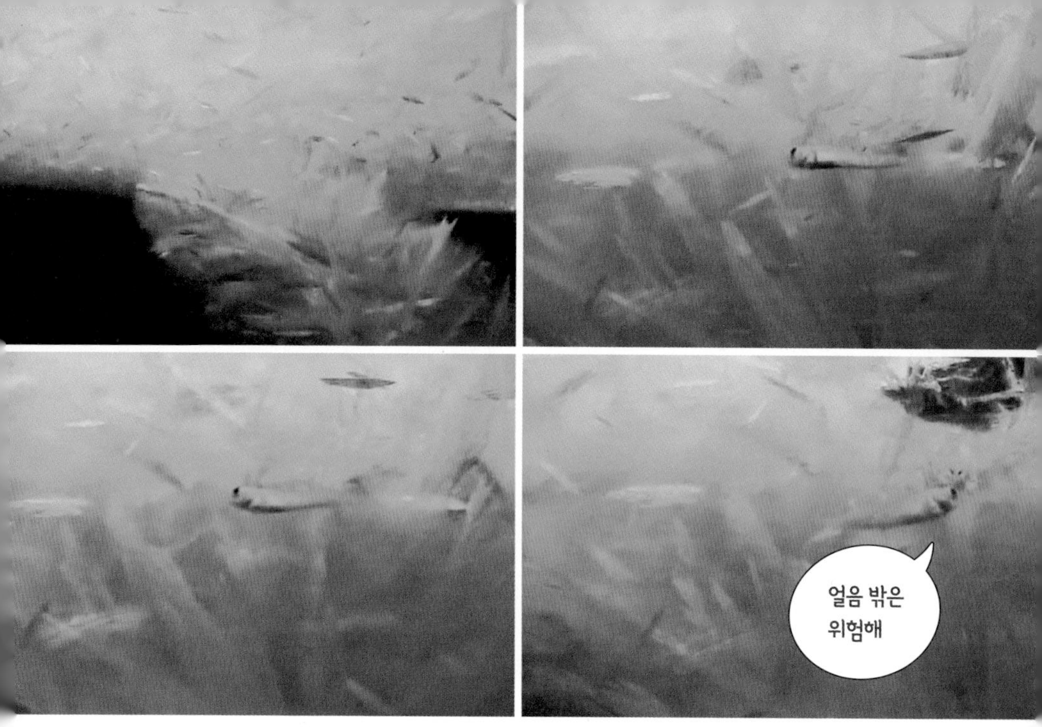

● 남극 해빙 아래에 형성된 얼음꽃 안에 있는 남극 물고기

러나 포식자들로부터의 위협은 여전히 존재하는데, 그 위협으로부터 남극의 물고기를 지켜주는 것이 바로 바닷속 얼음이다. -1.9℃로 과냉각된 남극의 바다는 겨울이 되면 표층부터 얼게 되고, 표층으로부터 뻗어나간 작은 얼음 조각과 알갱이가 모이고 모이면 마치 얼음 기둥이 자라는 것 같다. 가까이 보면 사이사이에 날카로운 얼음 조각이 어우러져 아름다운 얼음꽃처럼 보인다. 그 얼음꽃 사이에 있는 어린 남극 물고기의 모습은 평화롭고 아늑해 보인다. 차갑고 날카로운 얼음 칼날이 포식자의 접근을 막아 줄뿐만 아니라, 얼음 조각 표면에는 풍부한 플랑크톤과 해조류가 붙어있으니, 이보다 더 좋은 쉼터는 없을 것이다. 결빙방지 단백질 덕분에 더 차가운 피를 지닌 냉혈동물이 됐지만, 차갑고 날카로운 얼음장 속 놀이터를 온전히 누릴 수 있게 됐으니 덜 서럽지 않을까 싶다.

제3부

남극 물고기,
그 특별함에 대하여

투명하게 보이는 남극빙어 • 출처: 위키미디어

에일리언?
하얀 피를 가진 유일한 척추동물

2017년 1월 남극 하계 현장 연구를 수행하기 위해 두번째로 방문한 세종기지에서 채집한 검은지느러미남극빙어(*Chaenocephalus aceratus*)를 직접 해부하였다. 세종기지가 세워진 지 30년 만에 처음으로 우리나라 연구자에 의해 채집된 귀한 물고기였기에 더 오래도록 살려두고 관찰하고 싶었지만, 일주일 후면 남극을 떠나야 하는 상황이었다. 또 원래 계획에도 새로운 생물을 채집할 경우, 우리 연구팀의 주 임무인 유전체 분석을 위해 가능한 다양한 부위의 물고기 조직을 얻어서 복귀해야 하기에 망설일 수 없었다.

동물 실험윤리 지침에 따라 물고기가 들어있는 작은 수조에 마취용 약제인 트리카인 메실레이트(MS -222)를 넣어 실험준비를 했다. 학부 시절부터 학위과정까지 물고기 해부라면 누구 못지않게 많이 해봤기에 어려움은 없었다. 다만, 우리나라 연구자로서 최초로 실험을 위해 남극빙어를 해체한다는 생각에 적잖이 긴장되었다. 그리고 놀라는 데까지 얼마 걸리지 않았다. 문헌에서나 보던 투명한 혈액과 흰 피를 가진 물고기였다. 투명한 혈액과 흰 피를 가진 유일한 척추동물의 실체를 눈앞에서 접하고 나니, 감동과 함께 신비함이 몰려왔다.

물고기 생리를 전공한 나로서는 그동안 수도 없이 많은 물고기의 배를 갈랐고, 그 때마다 선혈이 낭자는 아니지만, 아무리 조심한다고 해도 얇은 실핏줄이라도 자르면 어느새 장갑을 낀 손과 메스는 붉게 물든다. 그

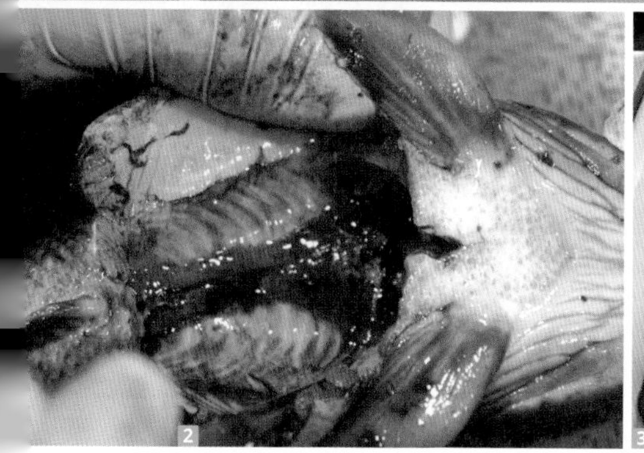

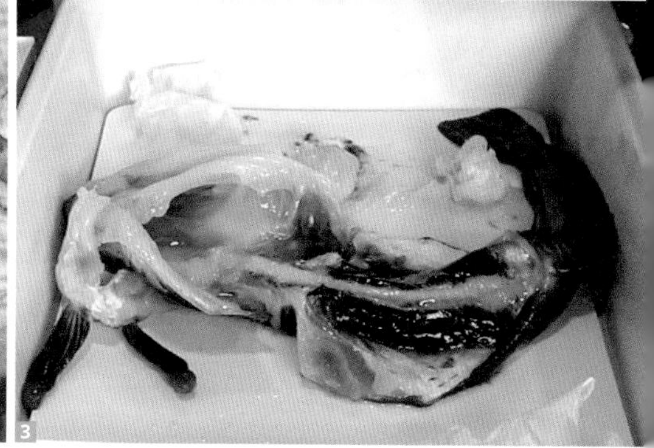

1 해부를 위해 실험준비를 마친 남극빙어
2 물고기의 해부. 남극검은암치(*Notothenia coriiceps*)
3 물고기의 해부. 검은지느러미남극빙어 (*Chaenocephalus aceratus*)
4 네이처 자매 논문에 출판된 남극빙어 유전체 분석 결과(출처: Kim et al. (2019) Nature E&E)

런데 남극빙어는 어디에도 붉은색을 찾아볼 수 없었다. 가장 많은 혈액이 모이는 심장마저도 약간 선홍빛을 띨 뿐이었다. 유일한 붉은색을 찾은 것은 채 소화되지 않고 위에 남아있던 크릴의 흔적이었다.

위를 포함해 근육, 심장, 간, 신장 등 총 17개의 조직이 분리되고 저온에 보관되어 한국으로 이송되었고, 유전체 분석을 통해 전 세계 최초로 남극빙어의 유전체를 확보하는 쾌거를 올렸으니, 연구의 재료를 선사하고 간 남극 물고기에게 조금이나마 빚을 던 마음이다.

그러면 남극빙어는 도대체 왜 흰 피를 가지고 있을까? 사람이나 척추동물의 혈액이 붉게 보이는 이유는 적혈구에 다량으로 들어있는 철(Fe) 성분 때문인데, 철이 산소와 결합하여 산화되면 붉은색을 띠기 때문이다. 누구나 주변에서 산소와 결합한 철, 즉 녹이 슬어서 붉게 변한 철을 본 적이 있으리라. 그렇다면 남극빙어의 혈액에는 철이 없다는 말인가? 그렇다. 철이 없는데, 아예 없지는 않다.

조금 더 깊이 들어가면, 혈액의 주성분인 헤모글로빈(Hemoglobin)은 적혈구에 있는 단백질로서 폐로부터 산소를 신체 구석구석으로 운반해주는 중요한 역할을 한다. 이 기능의 근간은 헤모글로빈이 지닌 헴(Heme) 분자 구조인데, 분자 중심에는 철이 있고, 산소와의 결합이 쉬우며, 헴 분자 4개가 한 쌍을 이룬다. 철이 많이 들어있으니 붉은색을 띠는 건 틀림없겠다. 그런데 남극빙어의 경우 헴 분자 4개가 한 쌍을 이루는 헤모글로빈 대신 헴 분자 하나만 있는 미오글로빈(Myoglobin)이 그 역할을 한다. 헴 분자 수가 4분의 1이 되니, 철의 함량도 그만큼 적을 테고, 그러다 보니 붉은색이 아닌 거의 투명한 흰색의 혈액을 갖게 된 것이다.

이제 남극빙어의 혈액이 붉지 않은 이유는 알았다. 그렇다면 왜 헤모글로빈을 덜 갖게 됐을까? 그 해답은 역시 남극 바닷물의 특성과 기체인 산소의 용해도에서 찾을 수 있다. 고체의 경우 온도가 높을수록 용해도가 커 잘 녹지만, 기체인 산소의 경우는 차가운 수온에서 더 잘 녹아 들어간다. 냉장고에 넣어 둔 청량음료에는 탄산이 잘 녹아드는 반면, 햇빛에 두어 열 받은 캔은 거의 폭발하다시피 부풀고, 열자마자 탄산 거품이 빠져나온다는 것을 떠올려 보면 이해가 된다.

남극빙어는 차가운 남극해의 수온 덕분에 아주 풍부하게 녹아있는 산소를 굳이 복잡한 헤모글로빈을 이용해 몸 구석구석에 운반하여 공급받지 않더라도 산소를 충분히 흡수할 수 있었다. 산소의 공급을 위해 헤모글로빈을 만들고, 이용하는데 에너지를 쓸 필요 없이 다른 곳에 에너지를 쏟을 수 있도록 진화한 것이다. 남극빙어는 결코 외계에서 온 생명체가 아니라, 자연환경에 영리하게 진화한 남극 토박이다.

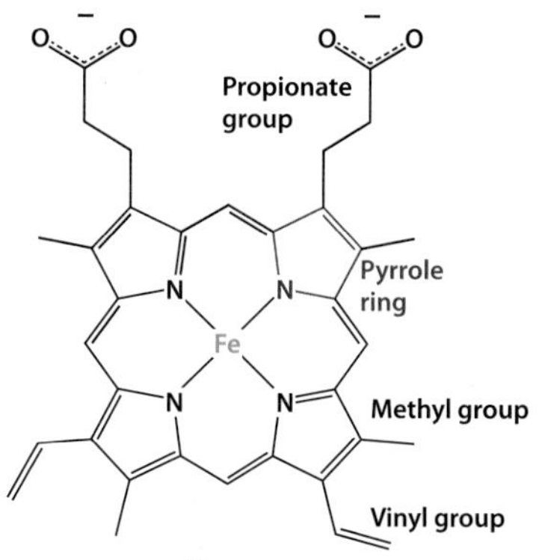

Heme
(Fe-protoptrphyrin IX)

● 헤모글로빈을 구성하는 헴 구조

● 척추동물 중 유일하게 피가 흰색인 남극빙어의 유전자를 한국 연구진이 분석했다.

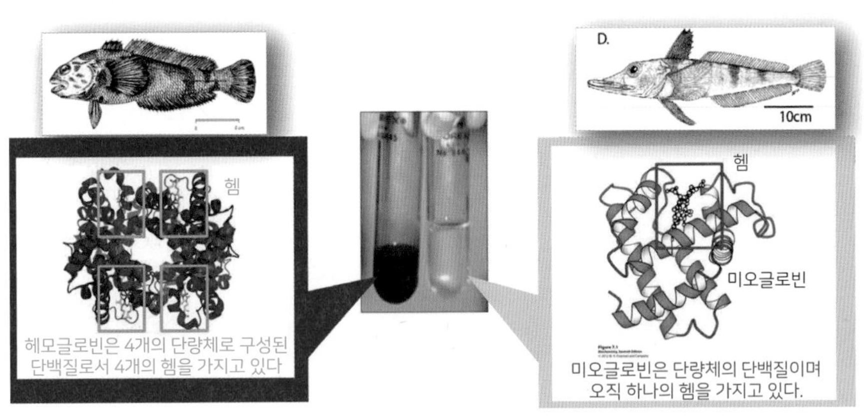

● 붉은색 혈액 물고기와 투명한 혈액의 남극빙어 혈액의 주성분 비교

뼈대 없는 가문?
쓸데있는 여유로운 자태

머리가 좋지 않다는 의미로 금붕어의 3초 기억력이 관용어처럼 쓰인다. 놓친 물고기가 다시 잡혀 올라왔다며 모든 동물 중에서 유달리 물고기를 멍청한 생물이고 하찮게 여기는 정서도 존재한다. 그러다 보니 사람들은 물고기가 척추동물이라는 사실을 잊는 것 같다. 육상생물은 태곳적에 물고기가 물 밖으로 올라온 것이라는 진화론을 굳이 언급하지 않더라도 척추의 존재는 생물의 분류에서 가장 중요한 요소라 해도 과언이 아니다.

의학적인 치료방법의 연구와 제약에는 반드시 생물을 대상으로 한 실험이 필요하지만, 직접 사람을 대상으로 한 임상실험은 매우 제한적이다. 그 어려움을 해결하기 위해 인간과 가능한 근접한 분류체계에 속하는 실험생물을 찾게 되는데, 대표적으로 실험용 흰쥐가 있고, 그다음으로 물고기도 많이 이용된다. 왜냐하면 같은 척추동물로서 생물이 갖는 특성의 유사도가 그만큼 높기 때문이다. 길게 이야기했는데, 결국 하고픈 말은 물고기는 뼈대 있는 가문이니 무시하지 말라는 말이다. 물론 예외가 있다. 그중에 남극 물고기가 해당된다.

남극 물고기는 부레를 가지고 있지 않다. 부레가 무엇인가? 국어사전에는 "경골(뼈가 있는) 물고기의 몸속에 있는 공기주머니로서 물고기가 물속에서 상하로 이동하는데 쓰이는 부력 기관이다."라고 되어있다. 한마디로 물고기가 헤엄치는 데 필수적인 기관이다. 그런데, 남극 물고기는 그 필수적인 기관이 없다. 뭐 이렇게 없는 게 많은지 모르겠지만, 그 원인을 추론해 보면 이렇다.

차가운 물속에서 살아가는 것은 그 자체가 도전이다. 조금만 움직여도 엄청난 에너지가 소모된다. 앞서 차가운 물에서 해수욕을 즐기다 보면 빨리 배가 고프고 지친다고 이야기했으니 이해가 갈 것이다. 남극 물고기에게 있어서 차가운 물속에 산다는 것 자체가 가능한 한 움직임을 적게 해야 한다는 것을 의미하고, 그러다 보니 멀리 이동하는데 필요한 부레가 쓸모없게 된 건 아닐까? 어차피 사용하지 않을 테니까. 몇몇 종을 제외하고 대부분의 남극 물고기들이 저서성으로 거의 바닥에 붙어서 생활하는 걸 보면 아주 틀린 추론은 아닌 것 같다.

그런데 부레가 없는 것하고, 뼈대가 없는 것하고는 무슨 상관이 있을까? 저서성 물고기는 움직임을 최소화하는 방식으로 생존할 수 있다고 하지만, 일부 종들은 많이 움직이며 먹이를 찾아 이동해야만 했는데, 그 중 남극빙어가 해당한다. 부레 없이 에너지를 써서 헤엄쳐야 하는 상황에서 택할 수 있는 생존전략은 몸을 가볍게 하는 것이었고, 무거운 골격의 뼈보다는 가벼운 연골이 도움이 됐을 것이다. 오른쪽 페이지의 그림에서 확인할 수 있듯이 많이 돌아다니며 생활하는 남극빙어의 경우는 연골이 몸 대부분을 차지한다. 반면에 바닥에서 주로 생활하는 저서성 물고기나 비극지 물고기의 경우는 경우는 골격 대부분이 경골임을 보여준다.

남극 물고기의 뼈대 없는 이유가 생존의 전략이요 살아남기 위해 어쩔 수 없었지만 뼈대 없는 연골로 진화한 남극 물고기에는 무한한 가능성이 있다. 연골화를 인간으로 치자면 다름 아닌 골다공증이라고 할 수 있다.

● 남극 로스해의 해저에서 촬영한 물고기들

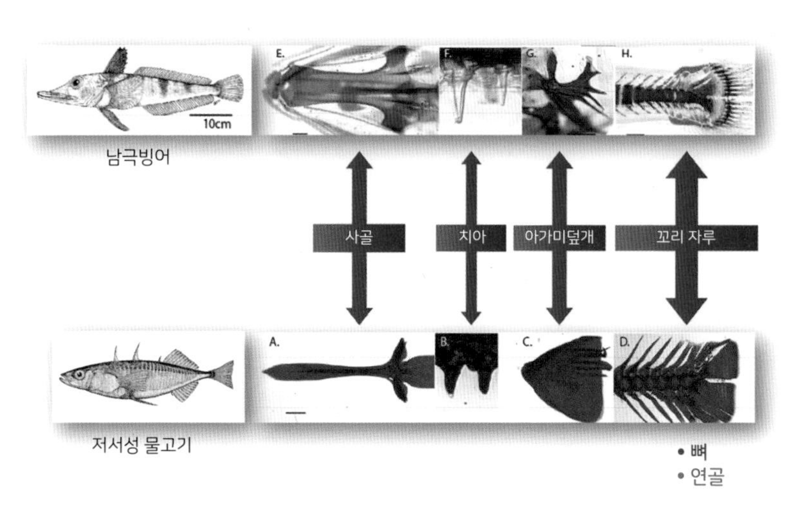

● 유영성 남극빙어(위)와 저서성 물고기(아래)의 골격 비교(알시안블루 시약 때문에 파랗게 염색된 연골과 아리자린 레드 에스 시약 때문에 빨갛게 염색된 뼈)

● 몸의 골격이 연골로 이루어진 남극빙어(사진: Doug Allan, British Antarctic Survey)

그렇다, 남극빙어는 골다공증을 앓고 있는 것이다. 그러면 어떤가, 한평생 성장하고, 생식하고, 산란하며 잘 살아내고 있다. 연약한 골격으로 아무 문제없이 생존할 수 있었던 비결 속에 어쩌면 노화의 산물인 골다공증을 해결할 열쇠가 숨어있진 않을까? 다시 보니 남극빙어의 자태가 뼈대가 없어서 푹 꺼진 게 아니라 여유롭게 해수욕을 즐기는 유유자적함으로 보이는 건 나만의 생각일까?

몸속 스마트 시계

남극 물고기를 펭귄이나 북극곰처럼은 아니지만 대중에게 널리 알리는 데 도움이 되리라는 믿음으로 시작한 글쓰기였는데, 창작의 어려움을 가볍게 여겨서인지 시작 때부터 밀려오는 부담감과 후회가, 글 쓰는 분들을 포함한 예술가들에 대한 경외심이 몇 배는 커졌다. 그런 속도 모르고, 조금 집중해서 폭풍 글쓰기를 할라치면 밥때가 됐다고 영락없이 배가 고프고, 때가 되면 졸음이 몰려온다. 배고픈 건 '배꼽시계' 때문이라고 하던데, 졸음은 마치 내 몸속 어딘가에서 지쳤으니 쉬어야 한다고 보채는 것 같다. 마치 몸 안에 시계가 있는 것처럼 말이다. 그 시계가 바로 '생체시계'이다.

사람을 비롯한 동식물 세포 안에는 다양한 생리현상을 주관하는 생체리듬(Circadian rhythm), 즉 시계와 같은 메커니즘이 작동하고 있다. 인간의 경우 크게 세 개의 메커니즘이 작동하고 있는데 체온 변화와 같은 '하루보다 짧은 주기', 낮과 밤에 따른 '24시간 주기', 여성의 생리 등 '하루보다 긴 주기'이다. 2017년 노벨 생리·의학상은 초파리를 대상으로 이 생체리듬에 관한 연구를 수행한 미국의 유전학자 제프리 C 홀(Jeffrey C Hall) 교수, 마이클 로스바시(Michael Rosbash) 교수, 마이클 영(Michael W Young) 교수 등 3명에게 돌아갔다.

과학자라면 누구나 한 번쯤 꿈꿔봤을 노벨 생리·의학상 수상! 부러움도 잠시 초파리가 아니라 남극 물고기를 가지고 실험했으면 어땠을까 하는 궁금증이 몰려온다. 우리나라가 위치한 북반구에서 하루 중 밤과 낮의 길이는 12시간을 기준으로 계절에 따라 밤 또는 낮의 길이가 길게는 2시간 30분까지 길고 짧아진다. 물론 위도에 따라 그 시간의 차이는 더 벌어질 수도 있고, 작아질 수도 있다. 그런데 극지방의 경우 단순히 밤낮의 길이가 차이가 난다는 개념으로 따질 수 없다. 그 차이가 너무나 드라마틱하기 때문이다. 남극과 북극의 낮과 밤은 다른 대륙처럼 해가 뜨면 밝아지고 해가 지면 어두워지는 게 아니다. 밤이 낮처럼 밝은 현상이 6개월간 계속될 때도 있고, 6개월간 캄캄한 밤이 계속될 때도 있다. 이처럼 낮이 계속될 때를 '백야', 밤이 계속될 때를 '극야'라고 한다.

● 초파리를 대상으로 24시간 생체시계 연구를 수행한 노벨 생리·의학상 수상자(출처: 노벨상위원회)

앞서 언급했듯이 생물의 내부에 존재하는 생체시계는 하루 24시간 동안 호르몬 분비를 조절하는 매우 중요한 역할을 한다. 낮과 밤의 반복적 주기는 해당 지역에 사는 생물의 생체시계를 자극하고, 수면과 신경 시스템에 관여하며, 특히 멜라토닌(melatonin)과 같은 호르몬 생산을 조절한다. 대부분의 척추동물에서는 이런 일정한 생체시계가 작동하고, 한동안 빛과 어둠의 자극이 없어도 호르몬 리듬을 일정하게 지속해서 유지할 수 있다.

그런데 백야와 극야가 존재하는 극지방에 서식하는 생물은 다른 생체 리듬을 가지고 있거나, 다른 방식의 메커니즘을 갖게 된다. 실제로 북극

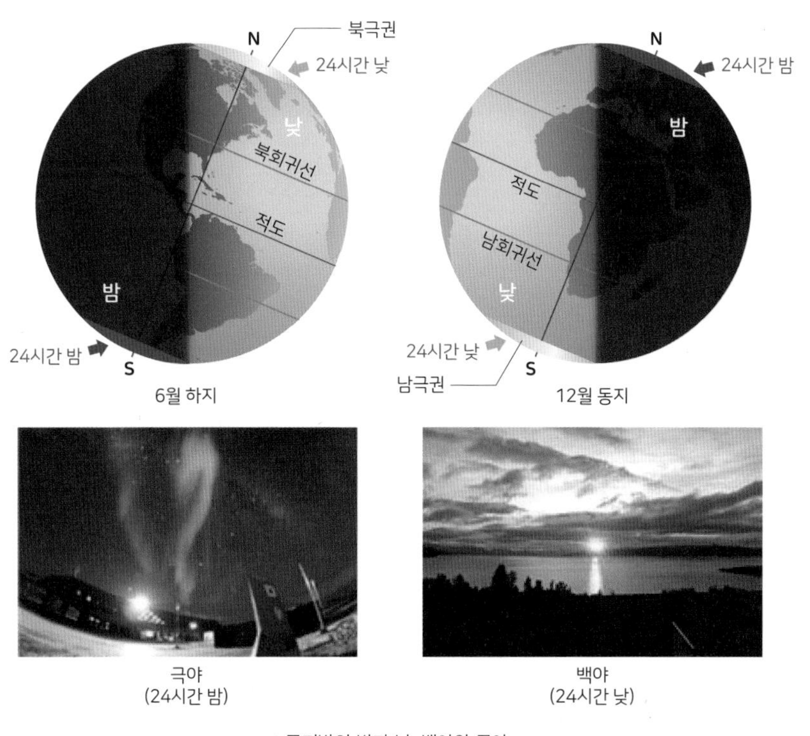

● 극지방의 밤과 낮. 백야와 극야

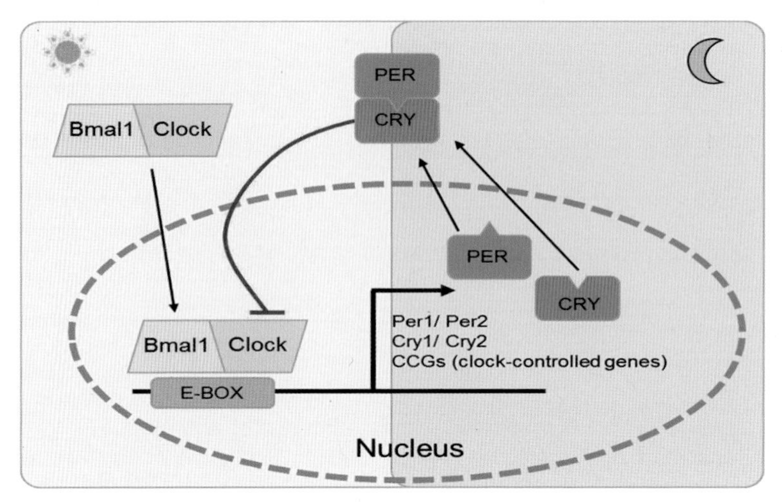

● 몸속 생체시계에 관여하는 유전자의 종류와 메커니즘. PER : CRY 복합체는 밤 동안 핵으로 이동하여 Clock유전자를 억제한다. 낮동안에는 Bmal1 : Clock 복합체가 전사체의 피드백 루프를 통해 하루동안의 주기적인 패턴을 발생시킨다.

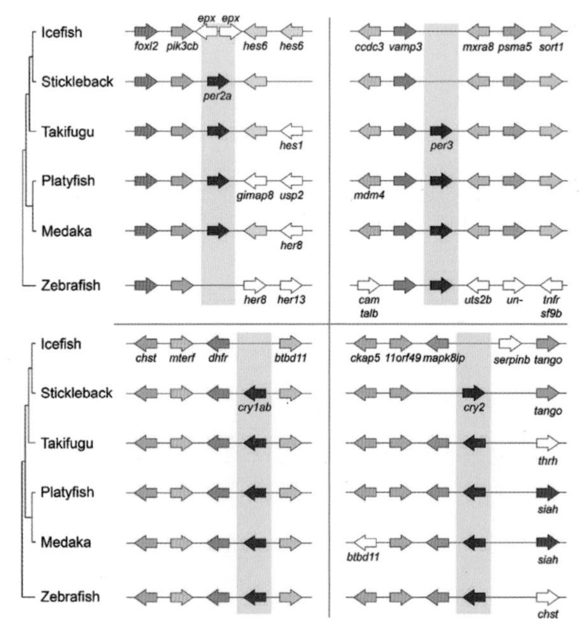

● 남극빙어와 비극지 물고기의 생체시계 유전자 유무의 비교. 맨 위에 있는 남극빙어(Icefish)의 생체시계 유전자 조합에서 PER과 Cry 유전자가 없는 것을 알수있다.

지방에 사는 순록을 대상으로 연구한 결과에 의하면 순록은 생체시계 유전자가 다른 동물들처럼 정상적으로 존재하지만, 호르몬 조절에 관여하지 않는다. 따라서 순록의 생체리듬에는 변화가 없다. 이것은 순록의 세포 내의 생체시계를 꺼져있거나, 체내의 다른 조직에 생체시계가 있지만, 일반적인 생체기능과는 연결되지 않는 것이었다. 결론적으로는 극지방의 순록은 체내의 내부 시계가 작동하지 않는다(Lu et al., 2010).

우리 연구팀이 남극 물고기를 대상으로 수행한 연구에서도 이 같은 차이를 확인할 수 있었다. 즉, 남극빙어의 생체리듬을 조율하고, 적절한 호르몬 생산 및 조절에 관여하는 생체시계 유전자를 분석하여 극지에 살지 않는 물고기들과 비교해 보았다. 짧은 주기와 긴 주기 그리고, 전체적인 리듬에 관여하는 유전자들이 남극빙어에게만 존재하지 않는 것을 확인하였다(Kim et al., 2019).

이 결과는 인간의 질병 치유와 치료제 개발의 또 하나의 가능성을 시사한다. 일반적으로 인체 내의 생체시계에 문제가 생기면, 면역반응의 이상과 저하가 발생하고, 심할 경우 질병이 발생한다는 많은 증거가 있다. 간단하게 외국 여행을 할 때 시차에 의한 피곤함과 밤낮이 바뀜으로써 발생하는 수면장애 등을 떠올리면 수긍이 갈 것이다. 그런데 연구 결과에 따르면 북극지방에 사는 순록과 남극빙어는 생체시계 유전자가 부재하거나 미 동작하므로 백야와 극야와 같은 극한의 환경에서 생존하고 적응하며 진화해 왔다. 이들의 독특한 생체시계 메커니즘을 연구하면 인간의 면역력 향상과 질병 치유의 해법을 찾을지도 모른다. 남극 물고기는 태엽은 돌지만 바늘은 없는 몸속 스마트 시계를 차고 있다.

미래 자원?
무한 도전!

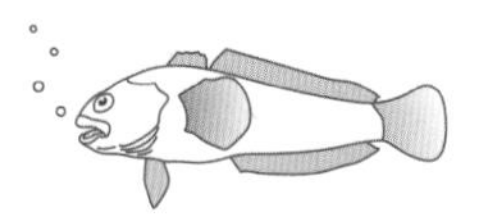

남극생물 중에서 크릴은 이미 먹거리나 건강보조식품으로 주목을 받고 있지만, 누군가 펭수나 뽀로로 이미지를 지닌 펭귄을 그런 용도로 하겠다면 아마도 난리가 날 것이다. 그럼 남극 물고기는 먹거리로 어떨까?

앞서 언급했듯이 남극 물고기는 남획되어 어떤 물고기 종은 거의 전멸에 이를 정도로 심각하다. 그 영향은 수십 년이 지난 현재까지도 회복되지 못하고 있다. 다행히 지금은 그나마 어획이 가능한 크릴이나 남극이빨고기(메로)에 대하여 남극 조약에 기반을 둔 남극해양생물자원보존에

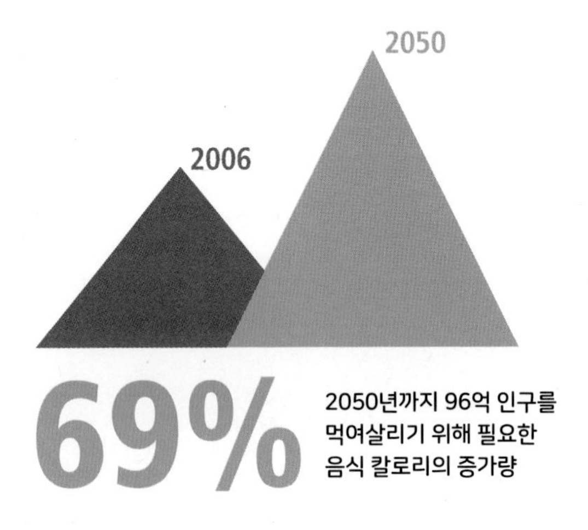

WORLD RESOURCES INSTITUTE

● 세계자원연구소에서 발표한 인류가 직면한 식량부족의 문제점

관한 협약에 의해 어획량을 할당하고, 조업 구역을 배정하고, 지켜보는 방식으로 관리가 되고 있다.

그러나 부족한 식량자원 문제는 앞으로도 인류가 넘어야 할 가장 큰 위협이다. 세계자원연구소의 발표에 의하면 2050년이면 세계 인구는 96억에 이르고, 필요한 식량은 2006년 대비 69% 증가한다는 결과를 내놓으며 식량부족은 인류가 직면한 최대의 위기라고 경종을 울렸다. 이를 메꾸는데 남극의 물고기를 포함한 해양 수산자원은 매력적인 대안이 될 수도 있을 것이다. 하지만 개체수가 회복되지 않은 상황에서 섣불리 상업화에 복귀한다면 미래 자원을 현재에 가져다 쓰고 마는 꼴이 될 수도 있기에 두렵다.

2020년 2월에 유엔 식량농업기구(FAO)가 발간한 '세계 수산양식 현황'에 따르면 우리나라는 1인당 연간 수산물 소비량(2013~2015년 기준)이 58.4kg으로 세계 주요 수산물 소비국 중 1위였다. 전 세계에서 가장 많은 수산물을 소비하는 우리로서는 연근해어업이나 원양어업을 통한 수산물 확보가 빠르게 감소한다는 소식도 무겁게 다가온다. 따라서 기르는 어업, 즉 수산양식이 유일한 대안이라고 하는데, 남극 물고기 양식을 계획하는 건 어떨까? 몸에 좋다는 크릴을 먹고 사니, 몸에 안 좋을 리는 없고 직접 확인해보니 건강에 이롭다는 불포화 지방산인 DHA와 EPA의 함량이 크릴보다도 높다. 거기다 피부에 좋은 비타민 A까지 많다. 아무튼 직접 키워보면 어떨까? 허무맹랑한 이야기로 들릴 수도 있겠지만 충분히 가능하다.

"그런데, 차가운 물에서 키우려면 에너지가 많이 들지 않겠느냐?" 할 수도 있다. 물론 물을 냉각시키려면 에너지가 매우 필요하다. 그런데 이

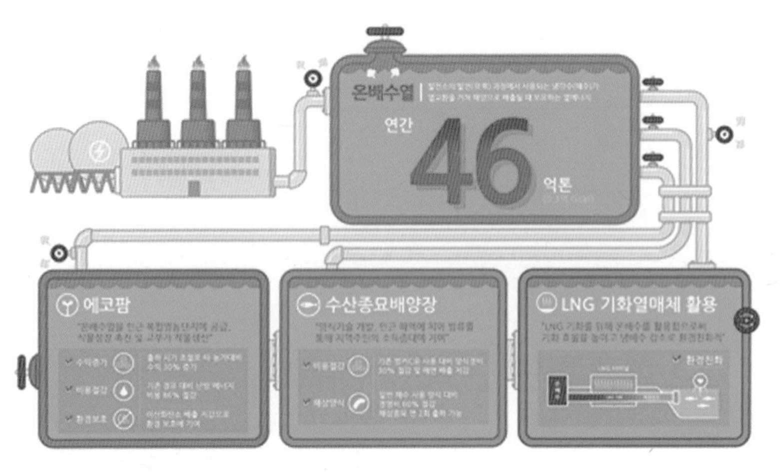

● 발전소 온배수 열을 이용한 친환경 에너지 이용 방법

미 차가워진 열이 아주 많아서 그 열을 이용해서 물을 차갑게 할 수 있다면 에너지를 소모하지 않고 남극 물고기를 키울 수 있는 냉수를 얻을 수 있다. 온배수열을 이용한 양식은 버려지는 온수를 이용해서 수산자원을 길러내는 방식으로 이제는 도입된 지 꽤 시간이 흘러 낯설지 않고 그 효과도 좋다고 한다.

맑은 날이면 나의 연구실 창밖으로 그리 멀지 않게 보이는 시설이 있다. 얼핏 보면 원자력 발전소의 원자로를 닮은 인천 LNG 기지이다. 요새 나는 LNG 기지를 보면서 남극 물고기 양식 실현의 꿈을 꾸고 있다. 우리나라는 액화천연가스(LNG)를 가장 많이 수입하는 나라 중 하나인데, 천연에너지 부족국가의 설움을 이야기하는 건 아니라 그 과정에서 발생하는 열에 관해서 이야기해 보고자 한다.

바다나 육지에서 생산된 천연가스는 운반을 위해 용기에 담아야 하고, 한꺼번에 많이 옮기기 위해 액화(액체로 만듦)를 시키는 과정에서 압

● 원자력 발전소의 원자로를 닮은 인천 LNG 기지

력을 가하면서 온도를 낮춰야 한다. 이렇게 액화시킨 천연가스가 바로 LNG다. 이렇게 국내로 가져온 후 -162℃의 초저온 상태인 LNG를 여기저기 필요한 곳으로 배관망을 통해 보급하려면 기화를 시켜야 하는데, 이때 엄청난 양의 냉열(냉각된 에너지)이 발생한다. 이 열량이 화력 발전소 1기가 1년간 발전할 수 있는 양과 맞먹는다고 하니 얼마나 많은지 가히 상상이 안 간다. 버려질 운명의 폐열인 -162℃의 초저온의 냉열을 저 풍부한 바닷물과 혼합하면 남극 물고기를 위한 차가운 해수의 공급에는 문제가 없다. 최근에 실제로 그 폐열을 이용하여 대형 냉동시설단지(냉동클러스터)를 조성하는 사업이 진행된다는 기사가 나왔다. 버려지는 에너지를 사용하여 부족한 식량을 확보하는 것, 즉 미래 자원이자 먹거리가 될 수 있는 남극 물고기를 우리 앞바다에서 키워내는 진정한 스마트 양식의 꿈이 현실이 되기를 바란다. 그때까지 무한 도전은 계속된다.

제4부

남극 물고기,
만남과 동행의 이야기

남극 로스해 해저에서 조개 속에 숨은 남극 물고기 • **사진: 인더씨 김사흥**

남극에서 빨간 대야의 용도는?

연구소 입소 후 1년만인 2017년 1월 남극 대륙에 첫발을 디뎠다. 연구소 입소를 위한 공채 최종 면접에서 심사위원의 질문 중에 이런 게 있었다. "연구소에 입소하면 남북극 현장 출장을 많이 갈 텐데 집을 떠나 오지에 가는 거 괜찮나요?" 다른 질문들에 비해 한 치의 망설임 없이 마음속 깊은 울림으로 대답했다. "전혀 문제없습니다. 생물을 연구하는 사람으로서, 생물이 사는 곳을 가는 것은 너무나 당연합니다. 그곳이 극지처럼 특별한 곳이라면 생물을 연구하는 저로서는 행운입니다." 5년이 지난 지금도 이 생각은 변함이 없다.

첫 남극행을 준비하면서 설렘과 더불어 부담이 컸다. 준비해온 일들과 그 임무를 달성해야 한다는 스스로에 대한 압박감 때문이다. 극지 물고기의 생리학 연구수행이라는 목표를 부여받고 지금까지 남극 물고기를 대상으로 어떤 연구들이 수행됐는지, 연구 여건은 어떤지 파악하는 것이 급선무였다. 때마침 남극 물고기를 대상으로 실험을 수행했던 연구원으로부터 현장을 촬영한 사진을 받았다.

폴더를 열어 하나씩 사진을 클릭해가며 현장의 모습을 살피다, 너무나 열악한 현장시설 사진들에 두 눈을 의심할 수밖에 없었다. 김장할 때나 이불 빨래할 때 볼 수 있었던 빨간 고무통이 눈길을 끌었다. 그밖에 플라스틱 아이스박스와 여기저기 늘어져 있는 전선과 호스들, 해변에 덩그러니 놓인 이글루 모양의 창고가 보였다. 2012년의 연구현장이라고는 믿어

지지 않았지만, 사실이었다.

낚시를 이용해 채집된 남극 물고기를 넣어 두고 계획된 실험을 수행하기 위해서 살려둘 수조가 필요했다. 그나마 남극 현장까지 배로 가져갈 수 있는 크기의 용기가 빨간 고무통이나 플라스틱 아이스박스였다고 한다. 또한 펌프로 계속 해수를 공급해 주며 애써 살려둔 물고기가 밤새 불

● 세종기지 해안가에 있는 창고동과 수조들(2012년)

어닥친 블리자드(눈폭풍)와 비바람에 수조 덮개는 날아가 버리고, 물을 대주던 호수도 빠져 결국 배를 뒤집고 죽어있는 일이 잦았다고 한다. 물고기를 연구하는 연구원들은 플랑크톤 네트로 바닷가를 몇 번 휘저어서 채집해간 작은 미소생물을 실내에서 배양하며 연구하는 연구자들이 부럽기까지 했다고 한다. 해양생물, 그중에서 물고기 생리학을 공부한 입

● 아쿠아리움 예비 설치 및 포장 작업

장에서 설명을 듣고 나니 많은 어려움과 고생을 한 연구원이 안쓰럽게 느껴졌다. 그리고 가장 시급한 것이 무엇인지 분명해졌다.

차마 웃지 못할 남극의 물고기연구 현장 이야기를 들은 지 얼마 지나지 않아 우연히 인터넷에서 남극에 있는 미국 맥머도기지(McMurdo Station)에 갖춘 해양생물 관리 및 실험을 위한 별도의 시설을 보게 되었다. 우리도 해양생물을 유지, 사육하며 필요할 때 실험에 이용할 수 있는 수조시설이 필요하다는 생각을 굳혔다. 곧바로 부서장님을 찾아뵙고, 시설의 필요성을 주장했다. 그리고 해안가에 있는 세종기지 측지관측동 내 별도의 공간이 해양생물 배양실로 계획되어 있었다는 사실을 알게 되어 시설을 갖추는데 도움이 되었다.

그리고 본격적인 아쿠아리움 수조시설 디자인 및 제작에 들어가기로 했다. 그런데 제작완료는 물론 남극으로 보낼 아라온호 선적까지 한 달 남짓한 시간 안에 모두 끝마쳐야 했다. 이 상황에서 확실한 것은 수조가 놓일 건물의 설계도 달랑 한 장뿐이었다. 시간에 쫓겨 밤을 새워 작업을 하여 기한을 맞춰 준 제작업체의 수고 덕분에 선적 일주일을 앞두고, 아쿠아리움의 실물을 볼 수 있었다. 연구소 2층의 빈 사무실 공간에 실제로 설치될 공간과 같은 크기로 바닥에 노란 테이프를 붙이고, 만에 하나 현장에서 벌어질 변수를 대비하여 실제와 똑같이 설치해 보았다. 밤을 새워가며 테스트와 발견된 문제점을 보완했다. 드디어 완성된 6개의 수조와 냉각장치 등은 또다시 분리하여 10개의 우드박스에 나누어 담고, 충격을 대비한 포장까지 마친 다음 무사히 선적하였다. 아라온호에 선적된 아쿠아리움은 약 한 달의 긴 항해를 거쳐 세종기지에 도착하게 된다. 이제 실제 설치를 위해 남극으로 출발할 시간이다.

● 세종아쿠아존의 탄생

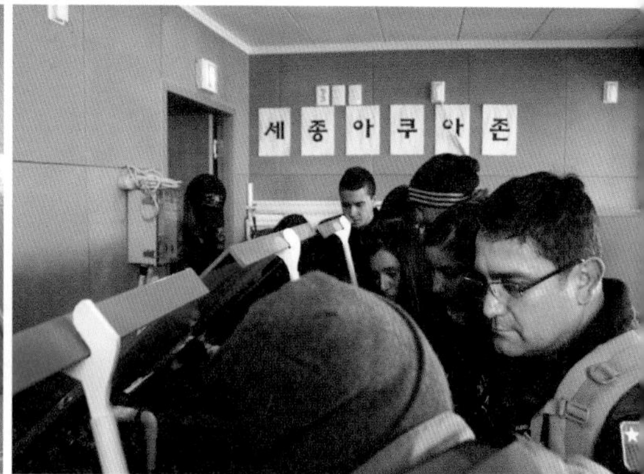

● 세종아쿠아존을 방문한 외국 연구자들

2017년 1월 10일 세종기지에 도착하자마자 나보다 먼저 도착한 크고 무거운 나무 상자들을 뜯어냈다. 그리고 설치할 장소까지 옮기는 과정은 가파른 계단과 비좁은 출입구를 통과해야 하는 어려움의 연속이었다. 거기다 설계도와 차이 나는 실내 공간의 크기와 현장 상황에 따른 변수들은 혼자의 힘으로는 결코 해결할 수 없는 일들이었다. 다행히도 월동대원들의 능숙한 솜씨와 동료 연구자들의 헌신적인 도움으로 설치작업은 우여곡절 끝에 일주일 만에 마무리할 수 있었다.

2017년 1월 17일 하계 연구원들과 월동대원들의 공모를 거쳐 이름을 정한 '세종아쿠아존'은 조촐한 개관식을 마치고, 본격적으로 물고기를 맞이하였다. 이후 아쿠아존은 세종기지의 새로운 명소가 되었다. 세종기지가 있는 킹조지섬에는 여러 나라의 기지가 있어 기지 간의 왕래가 잦은데, 같은 해양생물을 연구하는 과학자들에게는 새롭게 구축된 아쿠아리움이 큰 관심사가 되었다. 무엇보다 악천후로 인한 애꿎은 해양생물의 희생은 더이상 없을 것이다.

앗,
괴물이 잡혔다!?

개관식 다음 날부터 남극 물고기 채집에 돌입했다. 남극 물고기를 채집하는 가장 좋은 미국 극지연구팀이 사용하는 트롤이라고 하는 저인망을 이용하는 것이다. 그러나 바닥을 긁으며 끌고 지나가는 저인망은 한 번 지나간 곳에 있는 해양생물을 거의 몰살시키는 비환경적인 방식으로 근해에서는 사용이 금지되었다. 그럼에도 불구하고 바닥에서 주로 서식하는 남극 물고기를 제한적으로 빨리 채집하는 데는 유용한 방법이다. 우리도 있으면 좋겠지만, 그때나 지금이나 이용할 수 있는 도구는 낚시와 통발뿐이다. 낚시는 레저와 스포츠로 인식되는 사회적 분위기 탓에

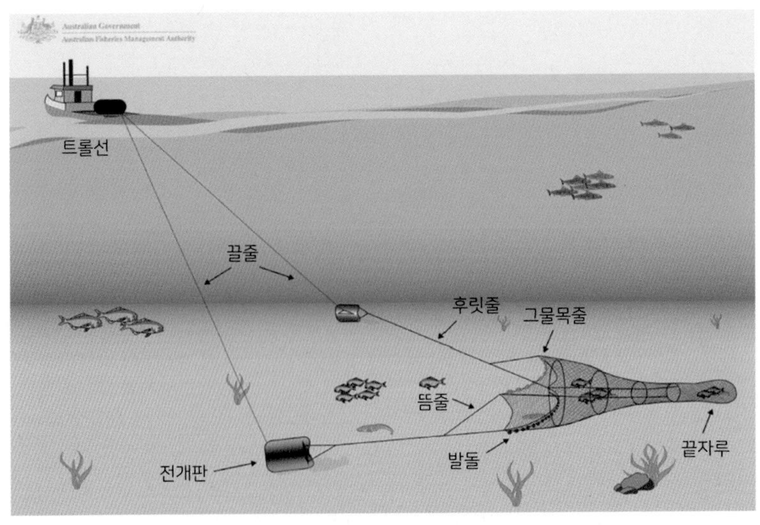

● 미국 극지연구팀이 사용하는 저인망 트롤(출처: 호주어업관리국)

● 남극 물고기 채집을 위해 출정하고 있는 월동해양연구대원

유일한 연구생물 채집 방법임에도 불구하고, 종종 오해를 받을 때가 많다. 남들 열심히 연구할 때, 편하게 낚시를 한다고…. 그런 정서를 잘 알기에 채집활동에 나설 때면 동료 연구원들이나 학생들에게 사려 깊게 임하도록 거듭 주의를 환기하곤 한다. 현장에서 펄럭이는 태극기를 바라보노라면 누구나 레저나 스포츠란 생각은 가질 수 없게 된다는 걸 알면서도 말이다.

보트에서 낚시와 통발 설치를 할 때는 무엇보다 바람이 중요하다. 바람이 강하면 파도가 작은 보트를 쳐서 출렁이면 위험하고, 배멀미로 고생을 한다. 다행히 파도는 잔잔했고, 함께한 연구원들 덕분에 아쿠아존은 얼마 지나지 않아 물고기들로 채워졌다. 한 가지 아쉬운 점이 있다면 대부분 같은 종류의 물고기로 새로운 종을 찾고자 했던 계획이 무산될까 조금 초조했다.

● 세종기지 연안에서 낚시와 통발을 이용한 남극 물고기 채집

남극을 떠나기 전 2주일 정도 남겨 둔 2017년 1월 24일 아침, 채집을 떠나려는데 아쿠아존에 작은 문제가 생겼다. 시설정비를 해야 하므로 나는 남아서 연구원들과 월동해양연구대원을 태운 보트가 멀어져가는 것을 보며 건투를 빌었다. 파도가 조금 높다 싶었는데, 오후가 되자 바람이 더 세어졌다. 아쿠아리움 수리 작업을 하면서도 계속 창밖으로 눈길이 갔다. 얼마나 시간이 지났을까, 누군가 뛰어 들어오며 외친다. "박사님, 어서 나와 보세요. 이상한 물고기가 잡혔어요." 달려 나가보니 부둣가에는 어느새 여러 명이 모여 웅성웅성하고 있었다. 처음 보는 물고기였다.

물고기를 전공했다지만, 지금껏 다뤘던 물고기는 극지 물고기가 아니었기에 나 또한 종을 확인하는 데 초보이긴 마찬가지였다. 한국이었다면 바로 스마트폰 꺼내서 사진 찍고, 구글 이미지 검색을 하면 바로 답이 나왔을 것이다. 하지만 와이파이는 고사하고 인터넷도 느린 남극이기에 불가능했고, 선배 연구자분들의 추론을 바탕으로 남극빙어라고 잠정 결론을 내렸다.

그날 저녁 식사시간의 화제는 단연코 남극빙어와 남극빙어를 잡은 해양연구대원이었다. 파도가 조금 높다 보니, 보트를 탄 몇몇 연구원들이 멀미로 고생하며 지쳐갈 무렵, 해양연구대원이 입질을 느끼고 서둘러 낚싯줄을 감았다. 이윽고 낚싯줄에 걸려 올라온 물고기의 낯설고 괴기스런 모습에 모두 "와, 괴물이다!" 라고 소리쳤다. 겨우 안전하게 통 안에 넣고 나서야 놀란 해양연구대원은 엉덩방아를 찧으며 맥이 풀렸다고 한다. 나중에 알고 보니 외국의 놀이용 카드에서 남극빙어는 "몬스터 물고기"로 알려져 있는데 그 이유가 낯설고 특별한 모습 때문이었다. 그런데 그날 배에서 어떻게 다들 알았을까? 그게 괴물이었다는 걸. 남극 물고기 연구의 시작을 알리는….

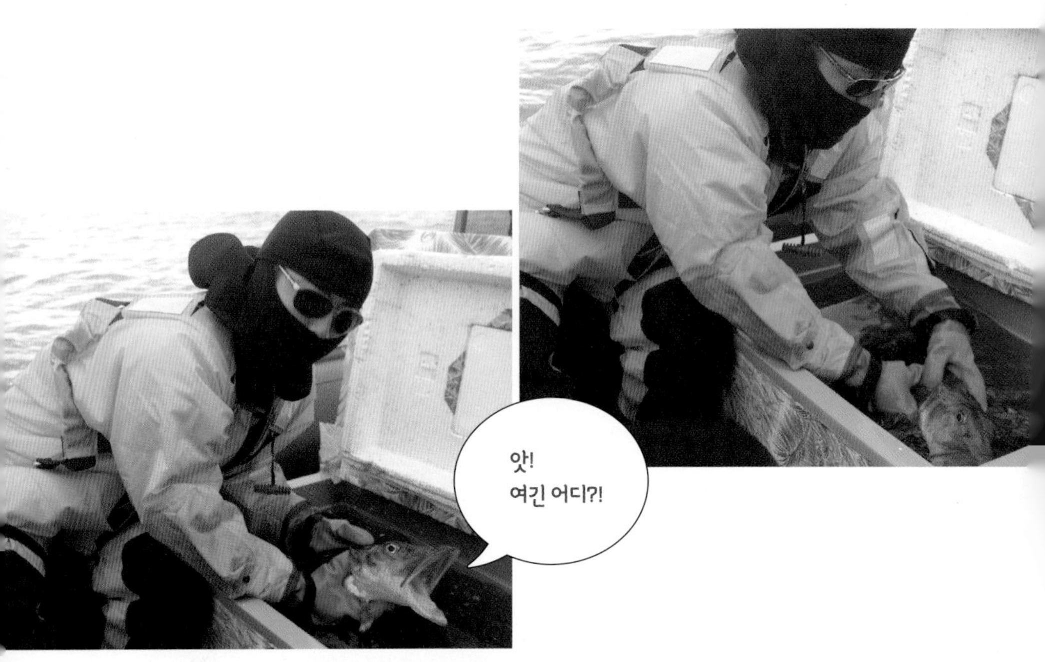

● 남극빙어를 최초로 채집한 월동해양연구대원

● 남극빙어를 괴물로 소개하는 외국의 놀이용 카드와 남극빙어의 모습

목화씨를 들여온 문익점 vs 남극 물고기를 들여온 김박사

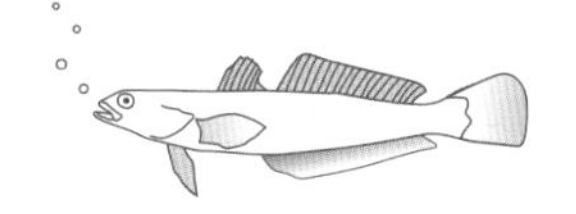

연구자들이 남극에 머물 수 있는 시간은 1년 동안 머무는 월동대를 제외하고는 길어야 3개월이다. 그 3개월 동안 각자의 분야에서 가능한 한 최대의 성과를 얻기 위해 최선을 다한다. 미소동물에 비해 크기가 중소형 이상의 살아있는 남극 물고기를 연구하기에는 3개월의 기간은 너무 짧다. 채집된 개체의 크기를 재고, 수를 헤아리고, 추후 필요한 분석을 위해 냉동시키는 것은 가능하다. 그러나 살아있는 채로 살펴봐야 하고, 실험해야 하는 생리학 연구 분야에서는 시간이 턱없이 부족했다. 고민 끝에 '그래, 한국에 가져가서 키우면서 연구하자!'라고 결론을 내렸다. 그리고 망설임 없이 가능성을 타진하였다. 나의 야심찬 계획은 남극 물고기를 채집해서 아쿠아존에 보관하였다가 쇄빙선 아라온호가 도착하면, 배에 마련되어 있는 작은 아쿠아리움에 옮겨 싣고, 국내로 살려서 오는 것이었다.

그렇다면 필요한 건 국내에 아쿠아리움을 마련하는 것이었다. 이미 시도한 바 있는 선배 연구자분의 적극적인 호응과 부서장의 지지를 얻고 추진하기로 하였다. 역시 시작이 반이다. 그런데 연구소 내에 극지 물고기 전용의 아쿠아리움은 어떻게 만들어야 하지? 남극과는 판이하게 다른 기후인 연구소에서 남극 바다와 같은 0℃의 수온을 유지할 수조시설을 설치해야 하는 숙제가 있었다. 기존의 선배 연구자가 시도한 방법은 밀폐된 방안에 해수가 담긴 수조를 넣은 후, 설치된 에어컨을 가장 낮은 온도

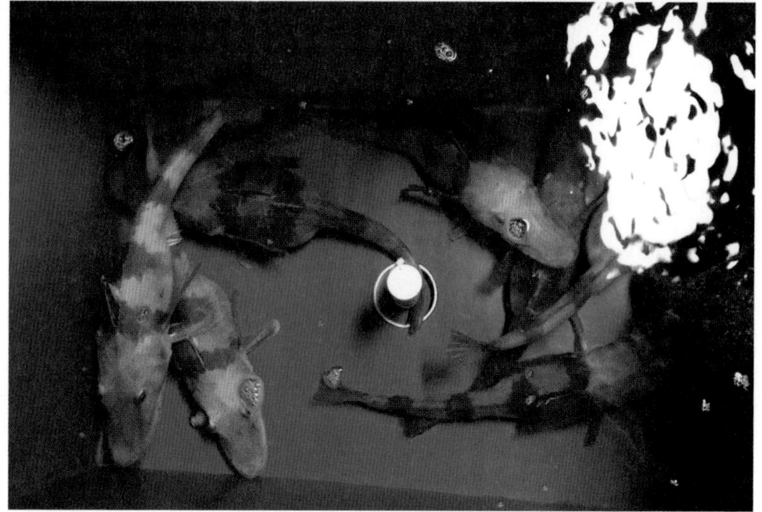

● 아라온호에 설치되어있는 아쿠아리움(위)과 국내로 이송중인 검은지느러미남극빙어(아래)

로 틀어놓는 것이었다. 그러면 언젠가 수조의 온도는 공기 중의 온도만큼 떨어질 테니까. 실제로 약 3℃까지 유지할 수 있었다. 그러나 수질관리도 문제지만, 일종의 냉장고에 들어가 있는 것 같아서 잠시 들어가 있노라면 추워서 연구자의 연구 의욕도 그 기온만큼 떨어졌다. 뭔가 새로운 방식이 필요했다.

우리나라보다 극지 연구를 먼저 시작한 선진국을 벤치마킹을 해보려고 영국, 미국, 일본, 호주 등의 극지연구소 홈페이지를 뒤졌다. 영국 남극연구소(British Antarctic Survey; BAS)의 경우 케임브리지대학에 마련된 작은 아쿠아리움을 이용하여, 주로 상대적으로 관리가 쉬운 조개류인 패류나 불가사리 등 무척추동물을 가져와 연구를 수행하고 있었다.

일본은 나고야에 있는 아쿠아리움에서 크릴을 키우고 있다고 들었는데 자세한 정보를 찾을 수 없었다. 호주 남극연구소(Australia Antarctic Division; AAD)는 크릴을 전문으로 키우며, 연구하는 꽤 큰 규모의 시설을 갖추고 있었다. 미국의 경우 본토에 극지를 연구하는 국가 시설이 없다. 대신 우리나라의 남극 대륙 과학기지인 장보고과학기지 근처에 맥머도기지(McMurdo Station)라는 엄청난 규모의 연구시설을 갖추고 있다. 연평균 이용 인원이 2천 명에 이를 정도이니 그 규모가 실로 대단하다. 그 안에 해양생물을 수용하고, 연구할 수 있는 시설을 갖추고 있다. 은행도 있고, 미용실에 술집도 있다고 하니 오래 머무르며 연구하라는 개념인 것 같다.

또 하나의 미국기지는 세종기지가 있는 킹조지섬 인근에 있는 파머기지인데, 그곳은 규모는 작지만 해양생물 연구에 특화된 시설을 갖추고 있으며, 개념은 역시 필요하면 직접 남극으로 와서 연구하라는 것 같았다. 검토를 마치자 분명해졌다. 호주 남극연구소는 물고기는 아니지만 크릴을 전문적으로 연구하고 있었다. 크릴이라면 펭귄, 고래, 남극 물고기의 먹이이며, 게다가 가장 중요한 것은 사는 환경이 같다는 것이다. 갑자기 안을 들여다보고 싶어졌다. 수소문 끝에 호주 남극연구소에서 공부하셨던 박사님을 알게 되어 그분의 도움으로 연락할 만한 호주 과학자를

● 극지 연구 선도국가들의 해양생물 연구용 아쿠아리움 시설(위 왼쪽: 영국, 위 오른쪽: 호주, 아래 왼쪽: 미국 맥머도기지, 아래 오른쪽: 미국 파머기지)

소개받을 수 있었다. 가능한 빠른 일정을 잡고 호주로 날아갔다.

호주 남극연구소는 본토에 있지 않고, 남쪽으로 비행기로 한 시간 거리에 있는 테즈메이니아라는 섬에 있다. 제주도의 34배이자 남한 영토의 약 62%에 해당하는 큰 섬이다. 만나기로 한 분은 2002년부터 크릴 연구를 수행하고 있는 가와구치(So Kawaguchi) 박사님인데, 크릴 연구를 위해 일본을 떠나 호주에 정착한 분이었다.

호주의 아쿠아리움은 총 물의 양이 약 35톤이라고 했다. 우리나라 코엑스 아쿠아리움의 총 물의 양은 3,500톤으로 호주의 크릴 아쿠아리움 사용량의 100배다. 그런데 잠수부가 수조에 들어가지도 않고, 고래나 돌고래를 위한 시설이 아닌 걸 고려하면 호주의 아쿠아리움도 매우 큰 규모다. 거기다 에너지를 듬뿍 넣어 0℃ 이하로 만든 비싼 물이지 않은가.

규모의 부러움을 삭이고, 시설 여기저기를 둘러보았다. 가와구치 박사님의 친절한 설명과 궁금한 점이 많은 나의 질문들이 오갔다. 시설의 핵심은 한번 사용한 물을 그대로 버리기에는 에너지 소모가 너무 크기에 더러워진 물을 다시 거르고, 처리하여 깨끗하게 만든 후 재사용하는 순환여과 방식이었다. 크릴의 먹이를 별도로 키우는 시설을 비롯하여, 냉각기, 열 교환기, 각종 여과장치와 필터 시스템, 스키머(거품발생기), 산소공급장치, 생물 여과조 등등을 갖추고 있었다(Kawaguchi et al., 2010). 자동화된 감시 시스템이지만 시설관리 인원만 6명이 있다고 한다.

이 시설을 갖추는 데 천억 원 대의 자금이 들었고, 지금도 유지관리와 인건비에만 연간 수십억 원이 들어간다고 한다. 실로 대단한 투자다. 그도 그럴 것이 호주는 이 크릴 연구를 단순한 연구과제의 하나로 보지 않고, 대를 이어 국가가 당연히 수행해야 하는 국가 프로그램으로 인식한다고 한다. 하긴 영유권 주장을 못 하게 되어있는 남극 조약에도 불구하고, 호주에서 건립한 세 지역의 남극 과학기지를 잇는 선 안을 자신들의 영토라고 하는 상황이니 국가 프로그램이 맞겠다 싶다. 가와구치 박사님의 설명과 더불어 해당 시설에 대한 소개가 담긴 출판논문을 챙겨 연구소를 떠났다. 머리에 담아온 시설의 핵심 노하우와 논문을 품고 돌아오는 길, 그 옛날 목화씨를 붓 속에 넣어 가슴에 품고 들어온 문익점의 마음이 이랬을까?

● 호주 남극연구소 크릴 아쿠아리움

공룡을 보고
슈퍼 도마뱀을 그리다

귀국한 즉시 찾아보니 다행히 연구소에서 이용 가능한 창고 공간을 쓸 수 있었다. 10평 남짓하며 층고가 높은 말 그대로 창고였다. 수천억을 들인 시설을 벤치마킹했는데, 쓸 수 있는 예산은 1억 원 정도였다. 불평은 무의미했다. 1,000분의 1의 비용으로 똑같은 효과의 남극 물고기 아쿠아리움을 만들면 되니까.

서둘러 바닥에 배수관이 지나도록 길을 내고, 층높이가 아까워 복층으로 만들면 면적이 두 배가 되겠단 생각에 골조를 세우고 마루를 깔고, 가능한 바깥 공간도 이용하였다. 공사가 진행되는 동안, 마냥 기다릴 수는

● 아쿠아리움 바닥과 골조 공사, 외부의 물탱크 시설

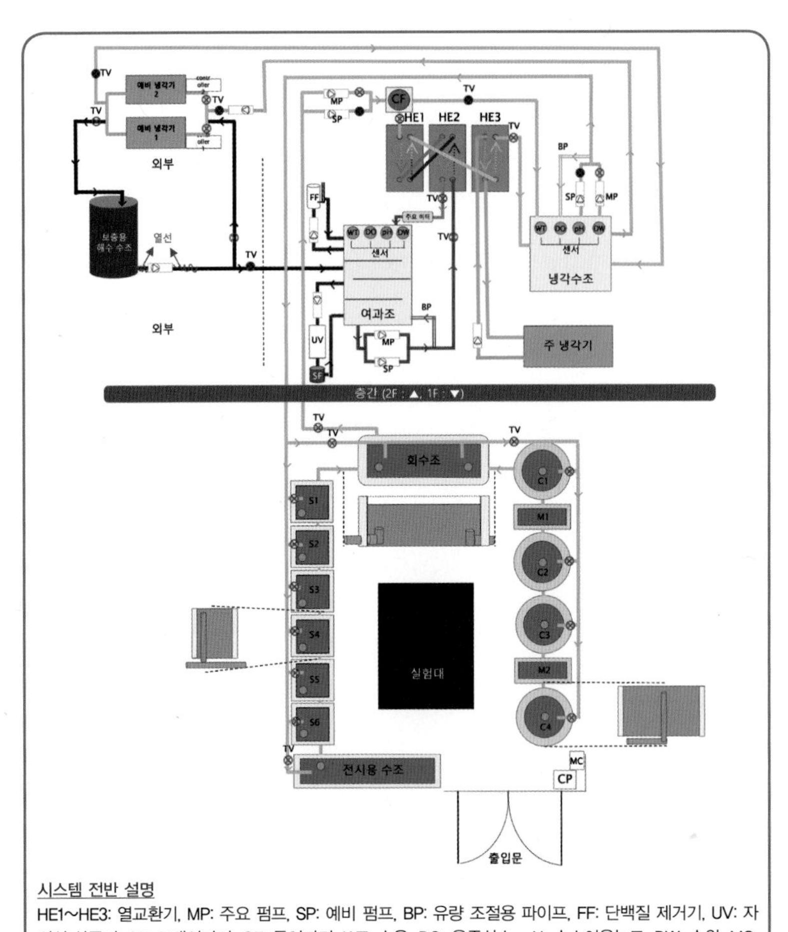

<u>시스템 전반 설명</u>

HE1~HE3: 열교환기, MP: 주요 펌프, SP: 예비 펌프, BP: 유량 조절용 파이프, FF: 단백질 제거기, UV: 자외선 살균기, SF: 모래여과기, CF: 통여과기, WT: 수온, DO: 용존산소, pH: 수소이온농도, DW: 수위, MC: 주요장비 제어장치, CP: 제어판, S1~S6: 사각수조 1~6, C1~C4: 원형수조 1~4, M1~M2: 침전조1~2

● 극지 해양생물 아쿠아리움 시스템 설계도

없었다. 실제 아쿠아리움을 만들기 위한 설계도가 필요했다. 머릿속에 담아온 시설의 원리와 논문에 표현된 설계의 개념을 정리해 도식화했다. 그런데 내가 본 시설은 평평한 1층에 있었는데, 우리는 2층에 나누어 놓아야 했다. 물은 높은 데서 낮은 데로 흐르는데 말이다. 세종아쿠아존에 설치한 아쿠아리움 제작을 맡았던 업체분과 머리를 맞댄 토론 끝에 설계도가 완성되었다.

그로부터 약 한 달간의 치열한 공사를 거쳐 2018년 6월 19일 세계 최초의 극지 해양생물, 특히 남극 물고기 전용의 아쿠아리움이 탄생했다. 그동안 도움을 주신 분들과 동료 연구자들을 모시고 개소식도 가졌다. 아쿠아리움은 약 5톤의 해수를 이용(호주 크릴 아쿠아리움 35톤)하며, 최하 -1℃를 365일 유지할 수 있고, 다양한 센서와 자동화 설비도 갖추어 사람이 직접 스위치를 끄고 켜야 하는 불편함을 줄였다. 아쿠아리움 실내 온도는 10~15℃로, 가벼운 외투만 걸치고 오랜 시간 머무는 데 무리가 없는 연구자 친화적인 공간으로 탄생했다.

또한 한번 사용한 해수를 버리지 않고, 물리적·생물학적 여과장치를 이용하여 재사용하는 환경친화적 시스템이다. 누군가 묻는다. "남극에서 바닷물을 가져오는 건가요?" 그건 아니다. 남극 바닷물이 차갑고, 좀 더 염분의 함량이 높기는 하지만, 그렇다고 특별히 남극에서 가져온 물로만 물고기를 키울 수 있는 건 아니다.

당연히 온도를 낮추는 건 필요하고, 염도는 판매되는 인공 해수염, 일종의 소금을 더 넣어주면 된다. 다행히 인천항 근처에 가면 여러 업체가 바닷물을 걸러서 깨끗하게 정화해서 판매한다. 대동강물이 아니라 인천 앞바다 물도 거래가 되는 세상이다. 그 물을 배달시켜서 미리 큰 수조에 넣어두고, 필요할 때 보충수로 사용한다.

해수어, 즉 바닷물고기를 키울 때 가장 큰 어려움은 수질관리이다. 그 중에서도 물속에 녹아있는 암모니아(Ammonia)가 골칫거리다. 사료 찌꺼기나 물고기의 배설물 등 아무리 작더라도 일단 고형물로 된 덩어리라

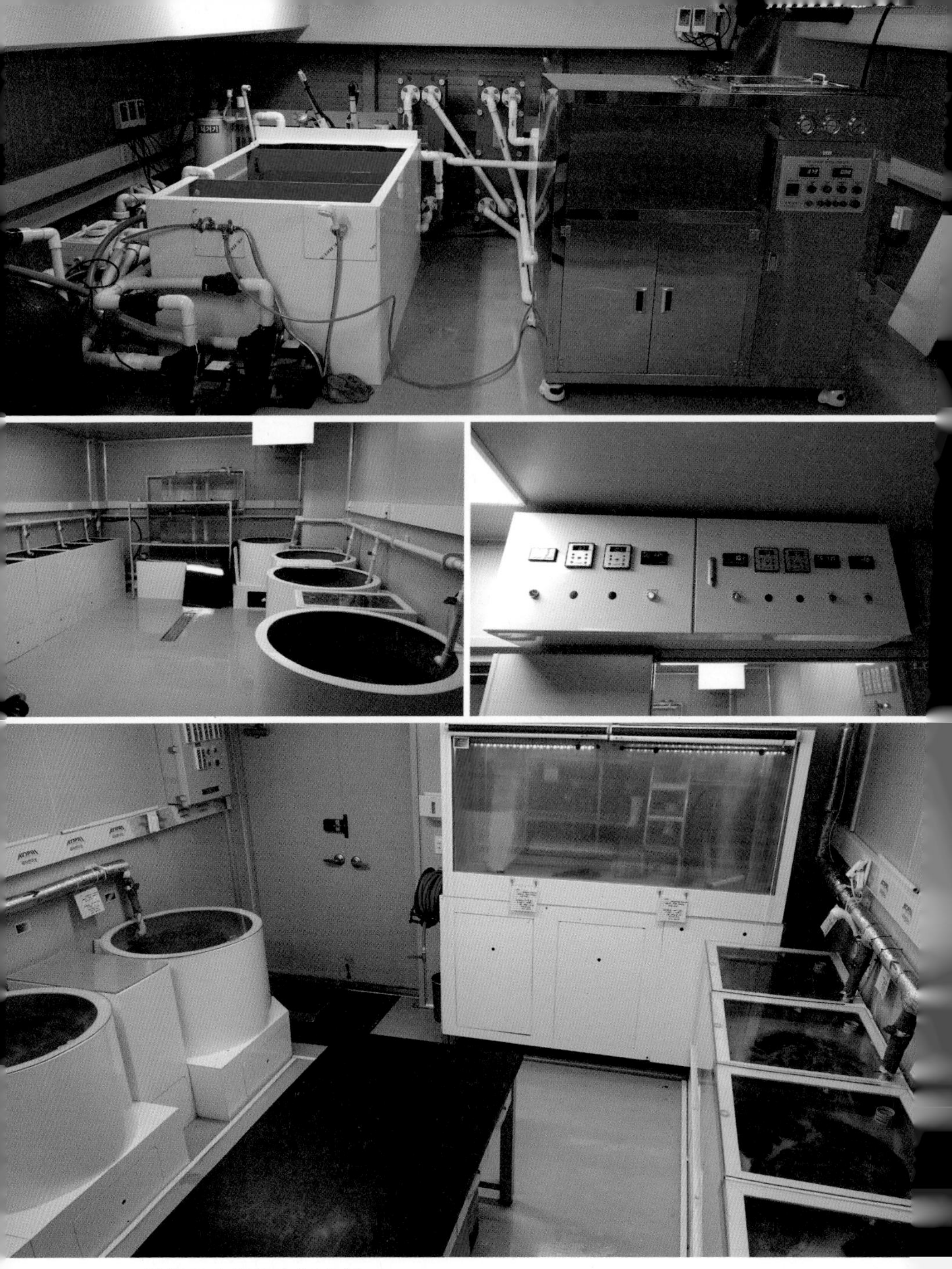

● 완성된 극지 해양생물 아쿠아리움

면 제거는 쉽다. 작은 망에 걸러서 물만 통과시키고, 걸러진 찌꺼기만 버리면 되니까 말이다. 그런 물리적 여과장치는 매우 다양하고, 효과도 극명하다. 그런데 문제는 물속에 녹아있는 화학성분, 그중에서도 암모니아가 문제다.

암모니아는 물속에서 암모니아 이온($NH4^{+}$)이나 암모늄(NH_3) 형태로 존재하는데, 이 비율을 좌우하는 것이 pH이다. 문제는 pH가 상승하면 독성을 띠는 암모늄의 형태로 급격히 바뀌게 되고, 독성은 해양생물에 치명적이다. 그런데 알다시피, 담수의 pH는 7.0 이하지만, 해수는 8.0 이상이 대부분이기 때문에 해수에서 암모니아가 발생하면 기본적으로 골칫거리일 수밖에 없다.

아무리 작은 망으로도 거를 수 없는 암모니아를 제거하는 유일한 방법은 암모니아를 무독한 상태로 바꾸어 주는 것인데, 그 역할을 하는 것이 바로 미생물들이다. 나이트로좀모나스라는 미생물이 암모니아를 아질산염으로 바꾸고, 이 아질산염은 나이트로박터라는 미생물에 의해서 질산염으로 바뀌게 된다. 암모니아가 비교적 무독한 질산염으로 바뀌게 되면 안심이다.

문제는 이 미생물들이 거의 영하에 이르는 낮은 온도에서는 제 역할을 못 한다는 것이다. 매우 차가운 냉수를 이용하는 남극 물고기 전용의 아쿠아리움이다 보니, 미생물에게는 냉장고에 들어있는 것이나 다름없다. 어쩔 수 없이 수온을 올려주어야 한다. 적어도 미생물이 먹이인 암모니아를 먹을 수 있을 정도의 수온을 만들어 주어야 한다.

물고기가 들어있는 수조의 물에서 우선 덩어리진 것들은 물리적 여과를 거쳐서 제거한다. 미생물이 들어있는 생물학적 여과장치에 들어가기

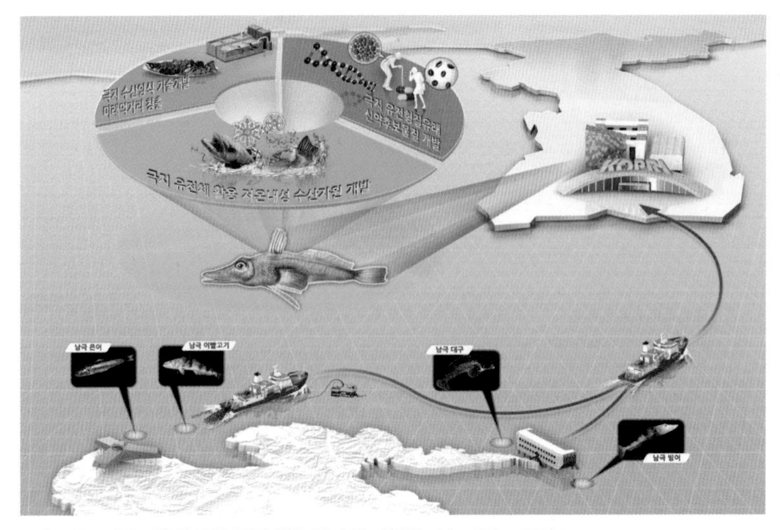

● 남극 물고기를 이용한 유용 형질 활용 및 수산 자원화 기술 개발 프로젝트

특허증
CERTIFICATE OF PATENT

특 허 Patent Number 제 10-2138294 호

출원번호 Application Number 제 10-2018-0071668 호
출원일 Filing Date 2018년 06월 21일
등록일 Registration Date 2020년 07월 21일

발명의 명칭 Title of the Invention
극지 해양생물 아쿠아리움 시스템

특허권자 Patentee
한국해양과학기술원(131471-*******)
부산광역시 영도구 해양로 385(동삼동)

발명자 Inventor
등록사항란에 기재

위의 발명은 「특허법」에 따라 특허등록원부에 등록되었음을 증명합니다.
This is to certify that, in accordance with the Patent Act, a patent for the invention has been registered at the Korean Intellectual Property Office.

2020년 07월 21일

특허청장
COMMISSIONER,
KOREAN INTELLECTUAL PROPERTY OFFICE

박 원주

QR코드로 현재기준 등록사항을 확인하세요

특허청
Korean Intellectual Property Office

● 극지 해양생물 아쿠아리움 시스템의 특허 등록증

직전에 강한 히터(실내 수영장에서 사용하는)를 사용하여 약 10~12℃로 순간적으로 가온하여, 미생물의 활성을 높여준다. 이렇게 해서 암모니아 제거된 물은 다시 물고기에게 공급되기 전에 반드시 냉각장치를 이용하여 0℃로 만들어 주어야 한다.

그 걱정을 덜어주고자 열교환기라는 장비를 사용한다. 일종의 얇고 넓은 알루미늄판을 여러 장 겹쳐 놓은 건데, 이 판 사이로 높은 온도의 물과 낮은 온도의 물을 흘려주면, 열전도에 의해 자연스럽게 중간 온도의 물이 빠져나오게 된다. 우리 시스템에서는 3개의 열교환기를 거치는 동안 10℃로 가열됐던 여과된 물이 아무런 전기에너지를 쓰지 않고도 2℃까지 냉각되고, 이 2℃의 물을 0℃로 냉각시키는 에너지만 필요하게 되는 것이다.

2020년 7월 이 열교환기를 이용한 아쿠아리움 시스템의 능력을 인정받아 국내 특허로 등록되었고, 국제 출원을 진행 중이다. 또한 남극 물고기가 지닌 유용한 특성을 이용하여 우리의 삶을 위해 사용될 수 있는 기술을 개발하고, 나아가 수산자원으로서의 가치를 창출하고자 하는 연구가 진행하고 있다. 호주 아쿠아리움에 비해 1,000분의 1의 투자로 가성비 최고의 작품을 만들었으니 공룡을 보고 슈퍼 도마뱀을 그린 셈이다.

제5부

남극 물고기,
그 베일을 벗다

남극 로스해 해저의 남극 물고기 • **사진: 인더씨 김사흥**

한국에서 연구하는 남극 물고기

누군가는 남극 물고기 이야기에는 남극 자연의 풍경과 함께 남극 바닷속 물고기의 모습이 담기면 좋겠고, 또 현장에서 연구하는 장면이 필요하다고 말한다. 여전히 일반인들은 신비로운 남극의 자연을 쉽사리 볼 수 없기 때문인데, 나 또한 동감한다. 그러나 남극 물고기 연구의 현실은 그렇지 못하다. 차가운 남극의 바다에서 물고기를 채집하고, 관찰하며 연구를 진행할 수 있는 시간은 길어야 1년에 3~4개월이다. 그나마 사용할 수 있는 채집 도구는 낚시가 거의 유일하다. 통발도 사용할 수 있으나, 위치에 따라 거의 물고기보다는 개불, 복족류, 고동류와 거미불가사리 등 연체동물이 주를 이룬다.

이렇게 채집된 무척추동물도 남극 해양생태계를 이루는 중요한 생물이므로 역시 연구 대상이 된다. 하지만 한정된 공간 문제와 함께 연체동물 중에는 독소를 배출하는 경우가 있어 관리에 신경을 써야 한다. 해양생물 채집이 가능한 3~4개월을 제외하면 밀려드는 해빙과 얼어붙은 바다에서 물고기를 채집할 수도 없고, 채집된 물고기에게 공급할 해수를 이용하는 것도 불가능하다. 전 세계 모든 물고기 중에서 남극 물고기 연구가 가장 낙후된 원인이다. 아쿠아리움을 이용하여 남극 물고기를 국내로 살려와 연구를 하고자 하는 이유가 바로 여기에 있다.

쇄빙선 아라온호에 실려 약 1.5~2개월에 걸쳐 국내에 도착한 남극 물고기가 한국에 마련된 보금자리까지 가려면 넘어야 할 산이 있다. 일반

● 남극해 선상에서의 물고기 채집

적으로 아라온호는 국내에 도착시 남해 연안에 위치한 광양항에 주로 정박을 한다. 정박한 부두로부터 인천 송도에 위치한 극지연구소까지는 또 긴 여정이다. 미리 섭외한 활어차를 이용하여 해수를 준비하고, 얼음주머니 등을 이용하여 최대한 온도를 낮추어 약 5시간에 이르는 여정 동안 남극 물고기를 수온변화로부터 지켜내야만 한다.

세종기지와 한국의 극지연구소에 설치된 극지 해양생물 전용의 아쿠아리움을 이용한 남극 물고기 연구는 올해로 만 3년이 지나고 있다. 생물을 연구하는 연구자에게 연구 대상이 되는 생물이 바로 옆에 있고, 그래서 수시로 살필 수 있다는 건 엄청난 행운이자, 특권이다. 해양생물 연구자로서 남극 물고기의 신비한 생활사가 하나둘 베일을 벗는 순간에 함께할 수 있어 다행이었다. 남극이 아닌 한국에서 말이다.

● 통발을 이용한 해양생물 채집

● 광양항에 도착한 아라온호으로부터 남극 물고기를 활어차에 옮겨 싣는 모습

남극 물고기만을 위한 쿠킹클래스

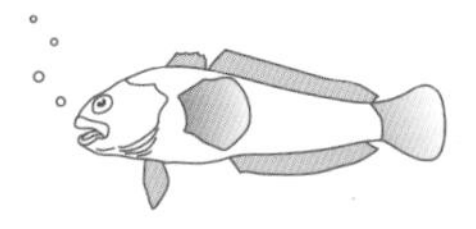

남극 물고기를 키우며 오랜 시간 연구하려면 당연히 적절한 먹이를 공급해 주어야 한다. 처음에는 별로 신경 쓰지 않았다. 왜냐하면 우리에겐 냉동 크릴이 있었기 때문이다. 실제로 크릴은 남극 생태계의 근간을 이루는 동물플랑크톤으로 고래와 같은 대형 해양 포유류의 주요 먹이로 알려져 있는데, 남극 물고기를 포함하여 펭귄, 물개와 물새 등 남극해에 살고 있는 거의 모든 중대형 해양생물에게도 직간접적인 먹이가 된다. 주식이냐 아니냐의 문제지 거의 모든 해양생물이 다 먹는다는 말이다.

우리나라는 원양어업을 통해 크릴 조업을 활발히 하는 국가 중 하나이므로 국내에서도 냉동상태로 유통되는 크릴을 어렵지 않게 구할 수 있다. 그러나 우리는 남극 물고기의 먹이가 될 크릴을 세종기지 인근에서 구했다. 이왕이면 먼바다에서 잡혀온 크릴보다는 물고기가 잡힌 곳과 같은 연안에 있던 크릴을 먹이로 하면 더 좋을 것 같다는 생각도 한몫 했다. 남극 물고기 먹이의 신토불이라고나 할까! 그렇다고 그물을 쳐서 크릴을 잡는 건 아니고, 그저 주워 담으면 된다.

한창 여름인 1월부터 3월 사이의 세종기지 연안 해변에 나가면 간밤에 파도에 밀려와 죽은 크릴이 수북이 쌓여있는 광경을 어렵지 않게 볼 수 있다. 그 이유를 두고는 큰 고래에 쫓기다 방향을 잃고 해안으로 밀려났다는 설도 있고, 막연히 지구온난화의 결과라고도 하는데, 반복되는 이벤트에 대해 오랫동안 연구해 온 크릴 생태연구자들의 연구 결과에 따르면,

남극의 여름철 빙하가 녹으면서 얼어있던 작은 크기의 물질들이 물속에 다량으로 유입되고, 이를 섭취한 크릴의 소화기관에 결석을 형성하는 결과를 가져와 대량 폐사에 이른다고 보고하였다(Verónica et al., 2016).

여러 종류의 남극 물고기를 키우는 데, 크릴은 좋은 먹이가 되는 건 확실하다. 그러나 그것만으로는 부족한데, 그 이유는 남극 물고기의 주요 먹이원의 하나가 크릴일 뿐이지 크릴만 먹는 것은 아니기 때문이다. 남

● 세종기지 연안(포터소만)에 밀려와 죽은 크릴

● 크릴과 남극에메랄드암치(Emerald rockcod, *Trematomus bernachii*)

극 물고기가 무엇을 주 먹이로 하는지 알려면 물고기가 무엇을 먹었는지 살펴보면 된다. 해부를 통해 미처 소화되지 않고 위에 남아있는 내용물을 살펴보며 해당 생물의 식성과 먹이원을 찾는 것은 생태학에서 잘 알려진 방법이다. 다행히 남극 물고기의 먹이를 연구한 문헌들은 어렵지 않게 구할 수 있었다.

문헌을 여럿 살펴본 결과 남극 물고기가 가장 선호하는 먹이는 크릴이 아니라 단각류(Amphipoda)와 다모류(Polychaeta)였다. 단각목은 절지동물문 연갑강에 속하는 갑각목의 하나로써, 크기는 1~340mm이며, 약 7,000여 종이 알려져 있다. 이중 우리에게는 옆새우아목(Gammaridea)이 친숙하다. 다모류는 다모강에 속하는 환형동물의 총칭으로 우리에게는 갯지렁이로 잘 알려져 있다(Richardson, 1975; Moreno et al., 1977; Barrera-Oro, 2003). 앞서 언급한 모든 남극 물고기종의 위 내용물을 분석해서 얻은 결과는 아니기 때문에 모든 남극 물고기가 동일한 먹이를 선호한다는 비약은 불가능하다. 다만, 많은 종의 남극 물고기가 해조류에 부착해 살고있는 작은 옆새우류와 갯지렁이류 등을 주로 먹는다는 것을 알 수 있었다. 물론 우리의 현실은 크릴 외에는 남극에서 그 먹이들을 구해다가 줄 수 없다는 사실과 함께 말이다. 그럼에도 우리는 참고문헌을 바탕으로 다양한 먹이를 대상으로 광범위한 실험을 진행하였다.

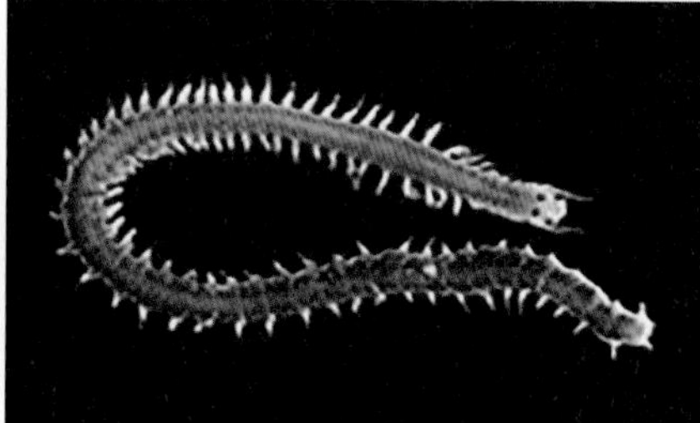

● 남극 물고기의 주요 먹이인 단각류(왼쪽)와 다모류(오른쪽)

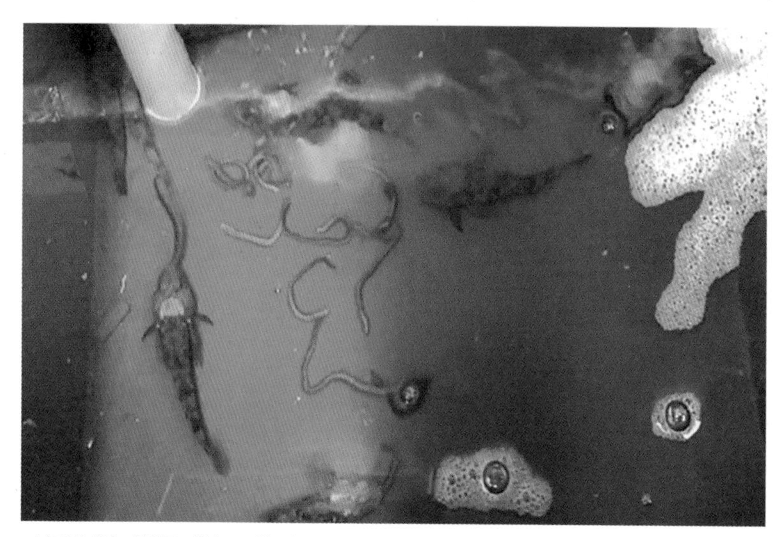

● 남극에메랄드암치를 대상으로 한 먹이 선호도 실험

남극에메랄드암치를 대상으로 실험을 한 결과, 식성은 육식성이며, 지렁이, 닭고기, 돼지고기, 소고기, 이면수, 오징어, 조갯살, 새우, 굴, 크릴 등 거의 가리지 않았다. 남극에서 실제로 물고기를 채집하기 위해 낚시의 미끼로 새우, 소고기나 돼지고기를 성인 남성의 엄지손가락 크기로 잘라 사용하면 아주 잘 물기에 이 결과는 자연스러웠다. 그런데 흥미롭게도 그 엄지손가락 크기의 고기를 삼키지 못하고, 도로 뱉어내는 것을 관찰할 수 있었다. 채집할 때는 일단 덜컥 물고 나서 낚싯바늘에 걸려 올라오다 보니, 그 크기가 문제될 게 없다고 생각했으나, 실제로 삼킬 수 있으려면 새끼손가락 한마디 정도의 크기가 적당해 보였다. 하긴 앞서 문헌에서 작은 벌레류나 얇은 지렁이를 먹는다고 했으니 당연한 결과다.

선호도 조사에 이은 남극 물고기의 구강 구조에서 왜 큰 먹이를 삼키지 못하는지에 대한 해답을 찾았다. 결과적으로 입이 상대적으로 큰 남극 물고기지만 소화기관으로 넘어가기 직전의 식도가 매우 얇고 편평하였다. 식도 바로 위에는 잘 발달된 인두치가 자리 잡고 있는데, 그 인두치 때문에 더욱 식도가 작게 느껴졌다. 원래 인두치는 경골물고기의 인두부에 위치한 일종의 이빨인데, 잉어, 붕어 등에 잘 발달되어 먹이를 부수어 삼키는 데 도움을 준다고 알려져 있다. 이빨이 잘 발달되어 있지 않아 씹는 기능이 약한 남극 물고기에게 그나마 단단한 인두치가 있어서 단각류의 딱딱한 골격을 부수는 데 도움이 되었겠지만, 질긴 육류 먹이는 부수지 못하고, 그대로 식도를 막게 되기에 다시 뱉어낼 수밖에 없었던 것이다.

남극해에서 남극 물고기 먹이생물의 상시적인 채집, 조달 및 공급이 불가능하기에 새롭게 알게 된 사실을 바탕으로 우리는 보다 안정적이고, 남극 물고기에게 영양학적으로 질 좋은 먹이를 공급하기 위해 사료를 개

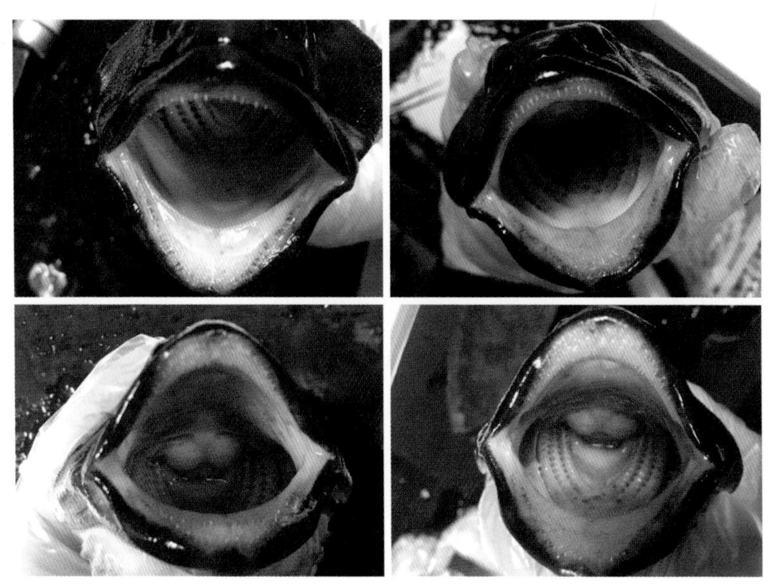

● 남극 물고기 중 우점종인 남극검은암치의 구강 구조

발하기로 하였다. 우리나라 시중에서 구한 물고기용 생사료·배합사료 등을 주고 먹이섭식 습성을 관찰하였다. 저서성인 남극 물고기는 서서히 가라앉는 침강성을 보유하고, 삼키기에 매우 말랑하고 미끈한 재질의 먹이만을 좋아하는 것을 알 수 있었다. 생굴, 갯지렁이나 새우살 등 부드러운 재질의 생사료를 좋아하기도 했다. 그렇지만 영양불균형을 일으킬 수도 있고 비교적 비싼 생사료라는 점과 먹지 않고 남겨진 생사료로 인한 급격한 수질 악화 등은 넘어야 할 문제였다. 여러 가지 문제점을 해결하기 위한 반복적인 시도 끝에 우리는 영양가가 높고 가성비가 좋으면서도 물고기의 선호도와 적절한 응집성, 침강성과 수질 유지에 알맞은 젤라틴을 사용한 푸딩 사료를 개발하였다.

전 세계 최초로 남극 물고기 전용의 먹거리가 탄생하는 순간이며, 이

1~4 젤라틴을 이용한 남극 물고기 섭식용 푸딩 사료 개발 과정
5 푸딩 사료를 먹는 남극에메랄드암치

결과는 특허 출원으로 이어지는 성과를 얻었다. 곁에 두고 오래도록 살피다 보니, 먹이 섭식의 특성을 알 수 있었고, 알고 나니 비로소 적합한 먹이를 마련할 수 있었다. 드디어 남극 물고기가 좋아할 요리를 만들어 낸 것이다. 드디어 남극 물고기의 맛집을 찾았다.

역시 몬스터?! 통째로 삼키다

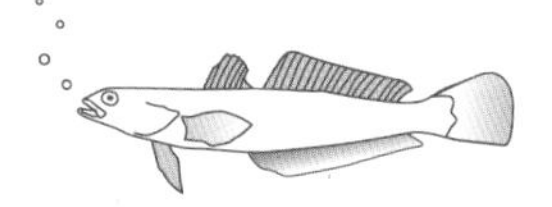

앞서 남극 물고기 중 남극검은암치(*Notothenia coriiceps*)는 이빨이 잘 발달되어있지 않고, 작고 얇은 식도로 인해 부드럽고 작은 먹이를 선호한다고 했는데, 그렇다고 모든 남극 물고기가 그런 것은 아니다. 팬데믹으로 인하여 2020년 9월부터 2021년 3월까지 이어진 유례없던 긴 남극 항해 동안 쇄빙선 아라온호 아쿠아리움에서 있었던 일이다. 힘든 항해였지만, 한해에 남극 과학기지 두 곳을 모두 경유하며 해양생물을 채집할 수 있었던 기회이기도 하였다. 우리팀에서는 30차 월동해양연구대원이자 남극빙어인 검은지느러미남극빙어를 최초로 잡아 올렸던 한동원 연구원이 참여하였다. 대원의 헌신적인 노력과 더불어 여러 하계연구대원과 월동연구대원, 그리고 승조원들의 배려와 도움으로 많은 수의 남극 물고기와 연체동물 및 갑각류를 채집할 수 있었다.

한정된 아쿠아리움의 규모로 인해 어쩔 수 없이 여러 다른 종류의 해양생물을 한 수조에 넣어 관리할 수밖에 없었다. 여느 때와 같이 수질 관리와 먹이 공급을 위해 아쿠아리움을 찾은 한동원 대원은 놀라운 광경을 목격하게 된다. 몸길이가 50cm쯤 되는 검은지느러미남극빙어 한 마리가 절반쯤 되는 크기를 가진 남극대리석무늬암치(*Notothenia rossii*)의 머리를 물고 있었다. 평소 움직임도 거의 없고, 얌전하게 먹이로 틸라피아(*Tilapia*, 역돔) 살과 다진 소고기를 받아먹던 검은지느러미남극빙어가 다른 물고기를 사냥하고 있는 장면이었다. 그것도 통째로 삼키는 모습이라니...

버둥거리는 남극대리석무늬암치의 몸부림에 아랑곳하지 않고, 아주 천천히 조금씩 조금씩 진행된 사냥은 거의 두 시간이 지나서야 끝났다. 아무 일도 없다는 듯 얌전히 바닥에 내려앉은 검은지느러미남극빙어의 배는 한껏 부풀어 있었다. 바로 다음 날 다른 남극 물고기와 검은지느러미남극빙어를 분리하여 각각 다른 수조로 옮겼다. 제한된 공간이지만 더 이상의 살생을 막겠다는 궁여지책이었다.

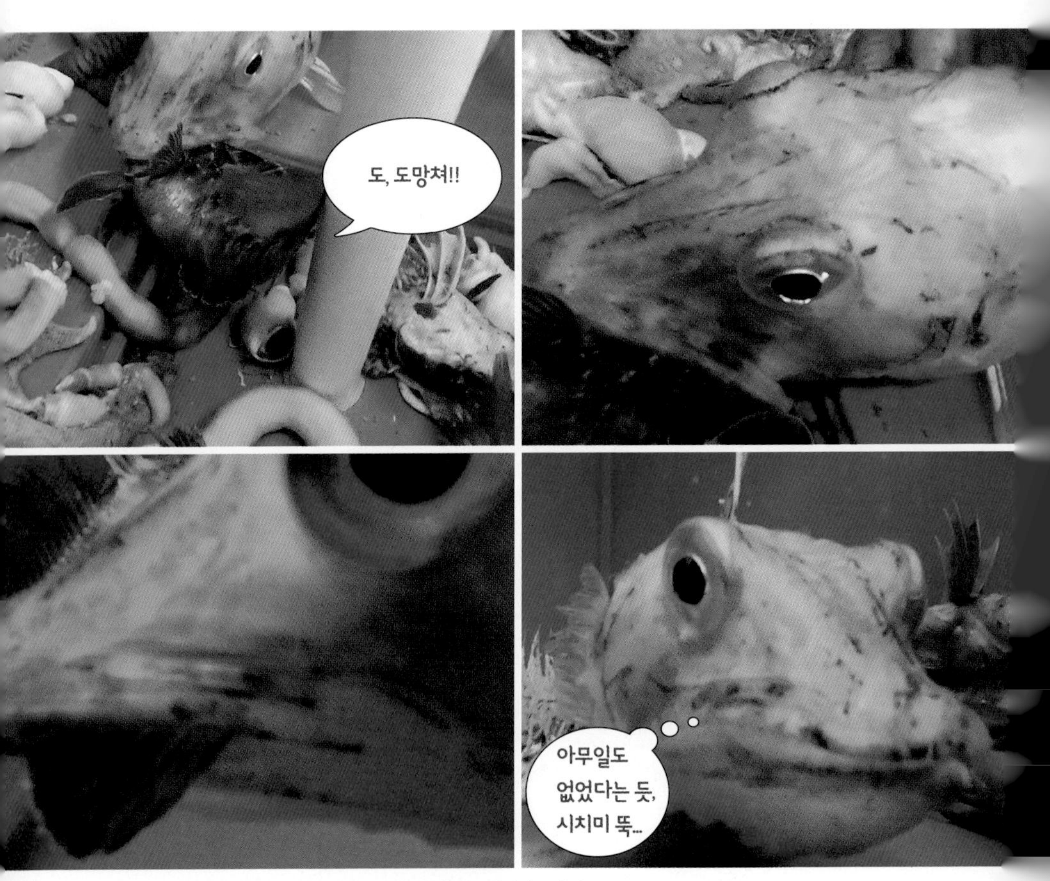

● 남극대리석무늬암치를 삼키고 있는 검은지느러미남극빙어

그러나 그 방법이 최선이 아님을 깨닫는 데까지는 2주가 채 걸리지 않았다. 새해가 밝은지 보름이 지날 무렵의 어느 날 아침, 한동원 대원은 또 놀라운 광경을 보게 된다. 같은 수조에 넣어 둔 검은지느러미남극빙어 한 마리가 자기만한 크기의 다른 남극빙어를 꼬리부터 삼키고 있었다. 자기보다 약한 물고기를 잡아먹는 거야 약육강식의 세계에서 자연스런 거라고는 하지만, 동족살상의 현장이라니... 삼켜지는 남극빙어는 그 충격 때문인지 건드려도 미동도 하지 않았다. 검은지느러미남극빙어의 지루하지만 끈질긴 노력 끝에 세 시간이 넘어서야 결국 다 삼켜버렸다고 한다.

물고기의 식성 또한 육상의 동물처럼, 풀을 먹는 초식성, 고기를 먹는 육식성, 그리고, 이것저것 가리지 않고 먹는 잡식성으로 나뉜다. 대부분의 남극 물고기는 육식성에 가깝다고 할 수 있다. 경험상 위 내용물에서 해조류가 나오긴 하지만, 이것은 앞서서 해조류에 붙어있는 등각류나 바닥에 숨어있는 지렁이를 먹는 과정에서 함께 먹게 되는 것이지, 해조류를 먹고자 하는 건 아닌 것 같다. 그랬다면 따로 먹으라고 주었던 해조류에 그렇게 무관심할 수가 없었을 테니 말이다. 검은지느러미남극빙어가 보인 동족을 잡아먹는 행위는 육식성 물고기에서 드물지 않게 볼 수 있는 동족 포식(canibalism)이다. 사실 동족 포식을 하지 않는 육식성 물고기를 찾는게 더 어려울지도 모른다. 문헌에도 이 종의 동족 포식에 대한 보고가 있는 것으로 봐서는 일시적인 행위는 아니고, 좁은 수조에서의 스트레스와 먹이 부족 등이 원인으로 보인다.

앞서 이 검은지느러미남극빙어를 지구상 모든 척추동물 중에서 유일하게 하얀(투명한) 혈액을 보유한 몬스터 물고기라고 알려져 있다고 했

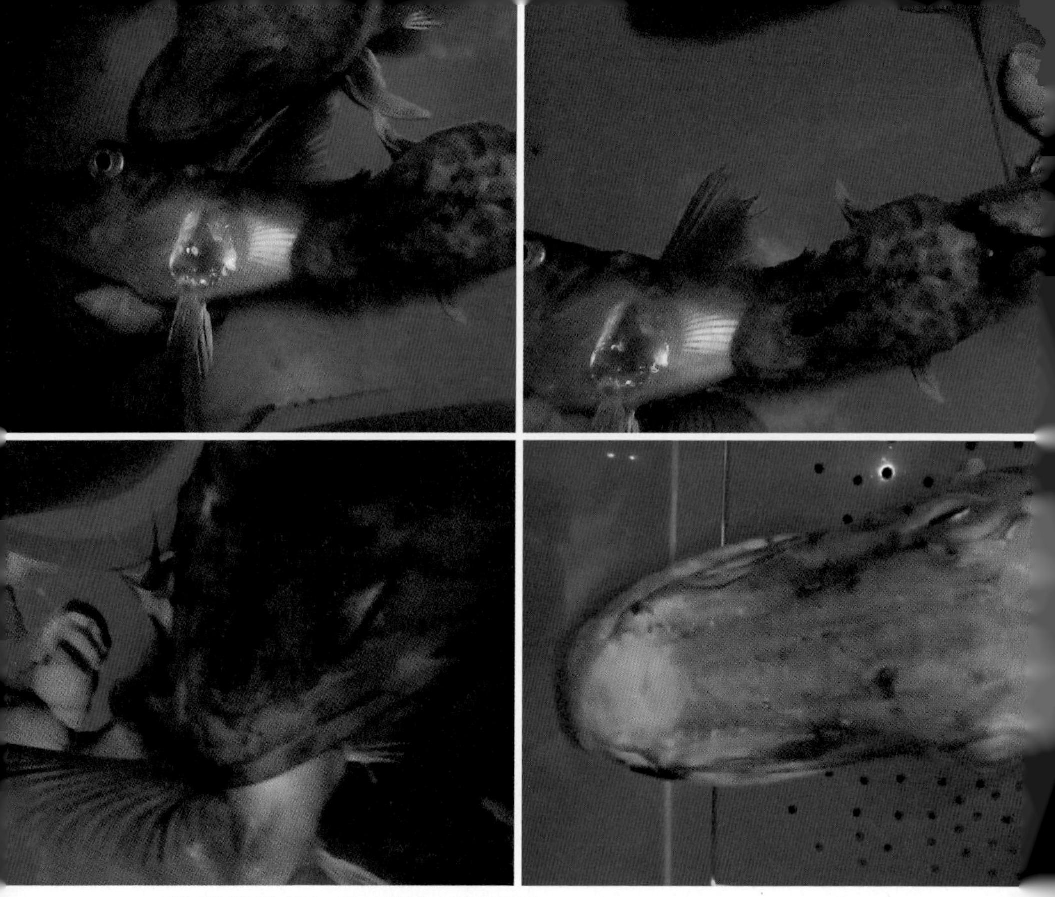
● 같은 남극빙어를 삼키고 있는 검은지느러미남극빙어

는데, 여기서 이 친구의 다른 이름 하나를 소개해야겠다. "크로커다일 물고기", 즉 "악어 물고기"라 불리는 이유가 겉모습에서 보이듯 큰 주둥이를 가진 악어의 입을 닮아서인 줄 알았는데, 실제로 그 큰 입을 가지고, 먹이를 통째로 삼키는 무시무시한 물고기였던 것이다. 그날 이후로 한동원 연구원은 남극빙어가 있는 수조에는 맨손을 담그지 않았다고 한다.

남극의 갯바위가 그리운 남극 물고기

남극의 물고기를 살아있는 상태로 연구소에 가져와 3년을 키우면서 다양한 행동을 관찰하였다. 역시 바로 옆에서 실험과 관찰을 하며 연구를 하게 되니 그동안 몰랐던 행동 특성을 많이 알게 된다.

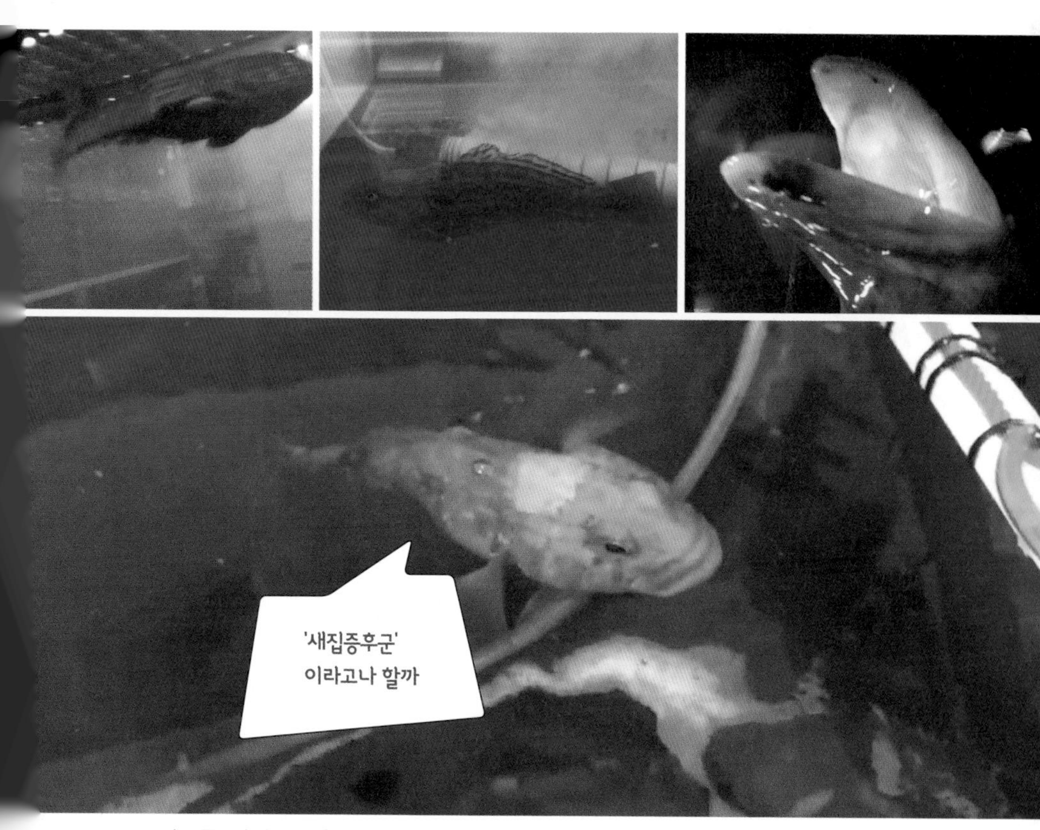

● 남극 물고기 아쿠아리움을 이용한 남극 물고기의 행동 관찰. 산소 공급 라인에 올라타 있는 모습

그중 가장 신기한 게 있다면 그건 단연 물 밖에서 호흡하던 남극검은암치의 모습일 것이다. 비록 비좁은 수조 안이지만 물고기가 선호하는 구조물이나 수심 등의 정보를 알기 위해 원형의 수조에 일주일 동안 물에 담가 독성을 제거한 콘크리트 블록을 넣어 계단을 만들었다. 남극 물고기가 수조 바닥이 아닌 구조물 위에 올라오는지 알아보기 위한 일종의 행동 관찰 실험이었다. 남극의 바닷속에 흔하게 있는 바위와 암반 등을 모사했다고 보면 되겠다.

워낙 움직임이 거의 없이 바닥에 머물러 있는 녀석들이기에 큰 기대는 없었다. 하지만 그 결과는 너무나 놀라웠다. 다음 날 아침 블록을 넣은 수

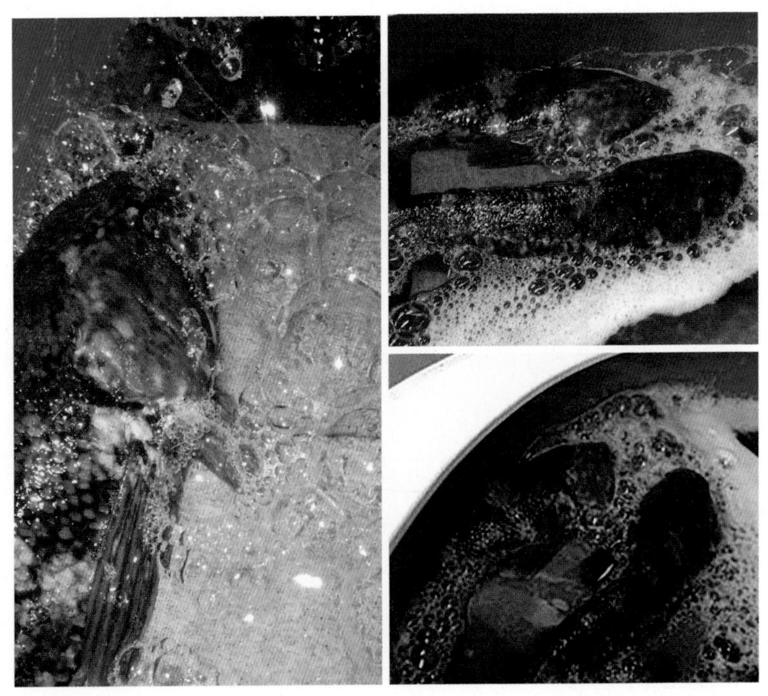

● 물 밖에 나와 머물고 있는 남극검은암치

● 세종기지 해안가의 갯바위에 걸린 해빙

조의 커버를 들추니, 공기방울 사이로 검은 물체가 보였다. 자세히 보니 남극검은암치의 주둥이였다. 마치 잠망경을 올리고, 물 밖의 상황을 살피는 잠수함의 모습이다. 그렇게 잠시 머물던 녀석은 이내 물속으로 들어가 버렸다. 다음날 같은 수조, 이제 주둥이가 아니고, 몸 전체를 중간 계단에 뉘인 채, 편안히 누워있는 녀석을 만났다. 남극 물고기의 본격적인 물 밖 나들이는 그 다음날 이후로 계속됐다. 이제는 맨 위 계단으로 올라오는가 싶더니, 여러 마리가 한꺼번에 올라와 있다. 맨 위 계단에 올라온 녀석들의 몸은 반 이상이 공기 중에 나와 있었고, 아가미도 거의 물 밖에 노출되었다. 저 상태로 아가미 덮개를 열었다 닫았다 하면서 길게는 3분이 넘도록 물 밖에 머물러 있는 게 아닌가.

남극의 차가운 바닷물 속에 풍부하게 녹아있는 산소에 적응해 살아왔기에 조금이라도 산소가 부족하면 치명적일 텐데, 공기 중에서 긴 시간을 머무는 이 녀석들의 행동은 지금 생각해도 미스테리하다. 그것도 계속되는 게 아닌 딱 일주일간의 물 반 공기 반 생활을 마치고는 다시는 올라오지 않았다. 관리를 담당하는 연구원과의 논의 끝에 일시적인 현상인 만큼 수조 안 환경의 물리적인 여건이 좋지 않아서 그랬을 것 같다는 잠정적인 결론으로 일단락되었다. 그러나 우리 둘 다 무언가 석연치가 않았다. 환경조건은 변화가 없었기에 말이다. 혹시 우리가 모르는 남극 물고기의 생태가 있는 건 아닐까? 올해 말 출발하여 새해 첫 주, 3년 만에 다시 찾을 세종기지의 해변풍경이 무척 기다려진다. 혹시나 물 밖에 나와서 한가로이 갯바위에 앉아있는 남극 물고기를 발견할 수 있지 않을까?

남극 물고기, 한반도에 뿌리내리기

지금껏 3년이 넘는 시간 동안 남극의 바다를 떠난 남극 물고기를 키워오면서 가장 어려운 점은 개체수에 대한 아쉬움이다. 워낙 한정된 종류와 적은 개체수인 까닭에 어떤 실험을 통해 소모하기에는 너무나 귀한 몸인 것이다. 더욱이 남극 물고기의 생리학적 실험을 위해서는 상당히 많은 수의 개체수가 필요하다. 생물은 같은 종이라고 해도 각각의 조건과 유전된 성질에 따라 다른 반응을 보이기 때문이다.

남극 물고기의 국내 유입이라는 이 프로젝트의 최종 목적은 인공적인 산란유도를 통한 번식이었다. 남극이 아닌 우리나라에서 수천, 수만 마리의 남극 물고기가 알에서 깨어나고, 새끼 물고기가 헤엄치며 커나가는 모습은 상상만으로도 뿌듯하다. 더욱이 전 세계적으로 과학적 연구목적에 한하여 남극 물고기의 채집과 연구목적의 실험이 가능하지만, 언제까지 계속해서 잡아와서는 안 되지 않을까?

인공수정을 통한 남극 물고기 번식이라는 목표를 위해 꾸준한 관찰과 정성어린 보살핌 끝에 기회가 찾아왔다. 3년 동안 키워오던 남극검은암치 여섯 마리 중 유독 배가 불러오는 개체를 확인하였다. 일반적으로 물고기의 인공산란 유도를 위해서는 일정량의 HCG라고 하는 인간융모성성선자극호로몬이라는 인공산란유도제를 암컷의 복강 내에 반복 투여하여 인위적인 배란을 유도하는 방법을 사용한다. 황복, 동자개, 넙치 등 다수의 물고기 인공번식의 경험이 있던 나이지만, 남극 물고기의 인공번

● 인공산란을 하는 남극검은암치

식에 직접 임하고 나니 몇몇 참고문헌을 통해 수행된 방법을 인지하고 있었음에도 불구하고 막막함이 밀려왔다. 일단 일반 물고기에 비해 낮은 수온으로 인해 신진대사가 늦는다는 가설 하에 인공산란유도제를 좀 더 일찍부터 오랜 기간 동안 투여하는 것으로 계획을 세웠고, 적은 양을 반복 투여하면서 매일 몇 차례씩 물고기의 상태를 관찰하였다.

그로부터 며칠 후 저녁 물고기의 생식공에 투명한 알의 빛이 보였다. 드디어 때가 되었다는 판단이 서자 미리 준비된 대로 물고기의 복부를 가볍게 압박하는 방식으로 산란을 유도하였다. 봇물 터지듯 시작된 산란은 거의 5분여간 이어졌다.

과연 얼마나 많은 알을 나온 걸까? 어림잡아 수천이 넘어 보이지만 눈대중으로는 아무 의미가 없다. 그렇다고 일일이 셀 수는 없는 노릇이다. 방법은 의외로 간단하다. 먼저 알에 손상이 가지 않도록 아주 부드럽고 미세한 천을 이용하여 가능한 만큼 수분을 제거하고, 전체 알의 무게를 잰 후 재빨리 식염수에 넣는다. 그다음은 3번에 걸쳐서 알 10개의 무게를 잰다. 그렇게 평균을 낸 알 10개의 무게로 앞서 잰 전체 알의 무게를 나누면 전체 알의 개수를 구할 수 있다. 계측한 결과에 따르면 남극검은암치 암컷 한 마리는 약 7,000여 개의 알을 낳았다. 연어 암컷 한 마리가 약 3,000에서 3,500개의 알을 낳는 것에 비하면 거의 두 배에 해당하지만, 넙치는 한번에 14~40만개의 알을 낳으니, 적은 것도 아니고, 많다고도 볼 수 없겠다.

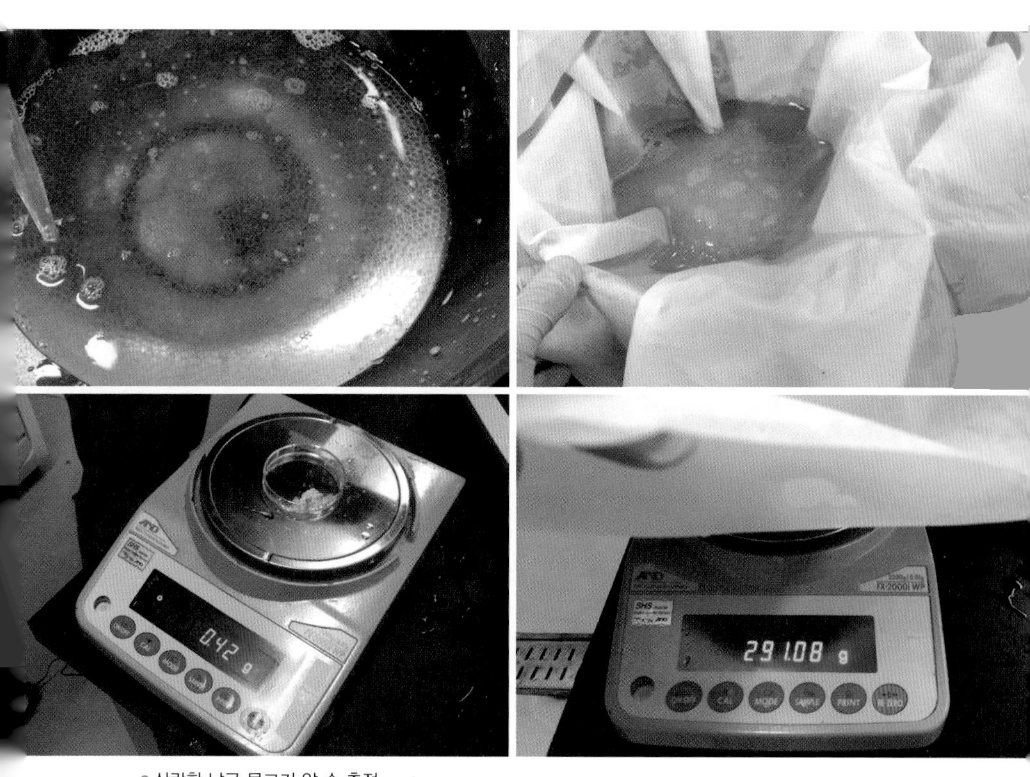

● 산란한 남극 물고기 알 수 측정

다음은 인공수정을 위하여 수컷으로부터 정자를 채취하는 단계이다. 남은 다섯 마리 중 한두 마리의 성숙한 수컷을 찾는 것이 관건이었다. 이전부터 관찰해 온 외형상의 모습이나, 수치상의 확률도 꽤나 높았다. 전 세계 최초로 남극대륙이 아닌 북반구에서 남극 물고기의 인공수정을 하는 의미 있는 시도가 바로 눈앞이다. 그러나 운명은 그렇게 호락호락하지 않았다. 남겨진 물고기 다섯 마리 중에 수컷은 없었다. 모두 미성숙한 암컷이었다. 크기로 보나 외형상의 특징으로 보나 수컷이라고 짐작한 개체도 수컷이 아니었다. 남극 물고기 인공수정의 첫 시도로 산란유도 성공과 산란수 계측이라는 성과를 낳고 마무리되었다.

그러나 모든 역사는 시나브로 앞으로 나아가는 것이라고 했던가.

● 성숙한 검은지느러미남극빙어 암컷

● 산란 및 인공수정을 거쳐 발생 중에 있는 검은지느러미남극빙어

2021년 초에 채집된 검은지느러미남극빙어와 남극에메랄드암치의 암수 모두를 확보할 수 있었고, 이들을 대상으로 산란과 인공수정을 할 수 있었다. 인공수정에서 발생을 거쳐 실제로 알에서 깨어날 때까지 기간은 선행연구에 의하면 5개월 정도 걸린다고 한다. 일반적으로 인공번식이 잘 알려진 양식 대상 물고기가 짧게는 3일에서 길어야 한 달 이내인 것을 감안하면 참으로 오랜 시간이다. 하긴 남극 대륙을 떠나온 물고기가 대한민국이라는 신대륙에 뿌리를 내리는 데 반년은 짧은 시간일지도 모르겠다.

참고문헌

• **제1부 남극물고기, 그 쿨한 생명 이야기**

김수암 외. 1998. 남극해 유용생물자원 개발 연구(부제: 남극 반도해역 유용생물의 분포 및 자원량 추정연구). 한국해양연구소 연구결과 보고서

Ainley, D.G., Blight, L.K. 2009. Ecological repercussions of historical fish extraction from the Southern Ocean. Fish & Fisheries 10: 13 – 38.

DeVries, A.L. 1969. Freezing resistance in fishes of the Antarctic Peninsula. Antarctic Journal of the United States, 4(4): 104–105.

Eastman, J.T., Lannoo M.J. 1998. Morphology of the Brain and Sense Organs in the Snailfish *Paraliparis devriesi*: Neural Convergence and Sensory Compensation on the Antarctic Shelf. Journal of Morphology. 237(3): 213–236.

Fernández, D.A., Ceballos, S.G., Malanga, G., Boy, C.C., Vanella, F.A. 2012. Buoyancy of sub–Antarctic notothenioids including the sister lineage of all other notothenioids (Bovichtidae). Polar Biology. 35: 99–106.

Kock KH. 1992. Antarctic Fish and Fisheries. Cambridge University Press. Cambridge, UK

Kock, K., Kellermann, A. 1991. Reproduction in Antarctic notothenioid fish. Antarctic Science. 3(2): 125–150.

Marschoff, E., Barrera–Oro, E.R., Alescio, N.S., Ainley, D.G. 2012. Slow recovery of previously depleted demersal fish at the South Shetland Islands, 1983 – 2010. Fish Res 125–126: 206–213.

Near, T., Jones, C.D. 2012. The reproductive behavior of *Pogonophryne scotti* confirms widespread egg–guarding parental care among Antarctic notothenioids. Journal of Fish Biology. 80(7): 2629–2635.

O'brien, K.M., Crockett, E.L. 2013. The promise and perils of Antarctic fishes: The remarkable life forms of the Southern Ocean have much to teach science about survival, but human activity is threatening their existence. EMBO reports, 14(1): 17–24.

Vacchi, M., La Mesa, M., Dalu, M., MacDonald, J. 2004. Early life stages in the life cycle of Antarctic silver fish, Pleuragramma antarcticum in Terra Nova Bay, Ross Sea. Antarctic Science. 16(3): 299-305.

Bailly, Nicholas, Froese, Pauly. "Species of Harpagifer". FishBase. Retrieved 28 March 2016.

Froese, Rainer, Pauly. "Family Bathydraconidae". FishBase. Retrieved 28 March 2016.

Pauly, Froese, Rainer. "Family Artedidraconidae". FishBase. Retrieved 28 March 2016.

Rainer, Pauly, Froese. "Family Channichthyidae". FishBase. Retrieved 28 March 2016.

Rainer, Froese, Pauly. "Family Nototheniidae". FishBase. Retrieved 28 March 2016.

• 제2부 남극 물고기, 그들만의 리그

김학준, 강성호. 2014. 극지과학자가 들려주는 결빙방지단백질 이야기. 지식노마드

조너선 밸컴. 2017. 물고기는 알고 있다(원제: What a Fish Knows, 양병찬 옮김). 에이도스

Capicciotti, C.J., Doshi, M., Ben, R.N. 2013. Ice Recrystallization Inhibitors: From Biological Antifreezes to Small Molecules, Recent Developments in the Study of Recrystallization, IntechOpen Limited, London(https://www.intechopen.com/chapters/42487)

DeVries, A.L. 1969. Freezing resistance in fishes of the Antarctic Peninsula. Antarctic Journal of the United States, 4(4): 104-105.

O'brien, K.M., ,Crockett, E.L. 2013. The promise and perils of Antarctic fishes: The remarkable life forms of the Southern Ocean have much to teach science about survival, but human activity is threatening their existence. EMBO reports, 14(1): 17-24.

Wöhrmann, A.P.A. 1996. Antifreeze glycopeptides and peptides in Antarctic fish species from the Weddell Sea and the Lazarev Sea. Marine Ecology Progress Series. 130:47–59.

• 제3부 남극물고기, 그 특별함에 대하여

Lu, W., Meng, Q.J., Tyler, N.J., Stokkan, K.A., Loudon, A.S. 2010. A circadian clock is not required in an arctic mammal. Current Biology, 20(6): 533–537.

Kim, BM., Amores, A., Kang, SH., Ahn, DH., Kim, JH., Kim, IC., Lee, JH., Lee, SG., Lee, HS., Lee, JG., Kim, HW. Desvignes, T., Batzel, P., Sydes, J., Titus, T., Wilson, C.A., Catchen, J.M., Warren, W.C., Schartl, M., Detrich III, H.W., Postlethwait, J.H., Park, P. 2019. Antarctic blackfin icefish genome reveals adaptations to extreme environments. Nature ecology & evolution, 3(3): 469–478.

• 제4부 남극물고기, 만남과 동행의 이야기

Kawaguchi, S., King, R., Meijers, R., Osborn, J.E., Swadling, K.M., Ritz, D.A., Nicol, S. 2010. An experimental aquarium for observing the schooling behaviour of Antarctic krill (*Euphausia superba*). Deep Sea Research Part II: Topical Studies in Oceanography, 57(7–8): 683–692.

• 제5부 남극 물고기, 그 베일을 벗다

Barrera-Oro, E. 2003. Analysis of dietary overlap in Antarctic fish (Notothenioidei) from the South Shetland Islands: no evidence of food competition. Polar Biology, 26(10): 631-637.

Fuentes, V., Alurralde, G., Meyer, B,. Aguirre, G.E., Canepa, A., Wölfl, AC., Hass, H.C., Williams, G.N., Schloss, I.R. 2016. Glacial melting: an overlooked threat to Antarctic krill. Scientific reports 6(1): 27234.

Moreno, C.A., Osorio, H.H. 1977. Bathymetric food habit changes in the antarctic fish, Notothenia gibberifrons Lönnberg. (Pisces: Nototheniidae). Hydrobiologia, 55(2): 139-144.

Richardson, M.G. 1975. The dietary composition of some Antarctic fish. British Antarctic Survey Bulletin, 41(42): 113-120.

찾아보기

남극생물학자의 연구노트 05

슬기로운
남극
물고기

The Story of Antarctic Fish

초판 1쇄 인쇄 2021년 12월 20일
초판 1쇄 발행 2022년 1월 20일

글쓴이 김진형

펴낸곳 지오북(GEOBOOK)
펴낸이 황영심
편집 전슬기
내지디자인 장영숙
표지디자인 THE-D
일러스트 정진아

주소 서울특별시 종로구 새문안로5가길 28, 1015호
(적선동 광화문 플래티넘)
Tel_02-732-0337 Fax_02-732-9337
eMail_book@geobook.co.kr
www.geobook.co.kr
cafe.naver.com/geobookpub

출판등록번호 제300-2003-211
출판등록일 2003년 11월 27일

ISBN 978-89-94242-82-8 03490

이 책은 극지연구소 '2021년도 연구·정책지원사업(PE21340)'의 지원을 받아 발간되었습니다.